ISW 30

Berichte aus dem Institut für Steuerungstechnik
der Werkzeugmaschinen und Fertigungseinrichtungen
der Universität Stuttgart

Herausgegeben von Prof. Dr.-Ing. G. Stute

K.-H. BÖBEL

Rechnerunterstützte Auslegung von Vorschubantrieben

Springer-Verlag
Berlin · Heidelberg · New York 1979

D93

Mit 63 Abbildungen

ISBN 978-3-540-09602-3 ISBN 978-3-642-52203-1 (eBook)
DOI 10.1007/978-3-642-52203-1

2362/3020—543210

Geleitwort des Herausgebers

Das Institut für Steuerungstechnik der Werkzeugmaschinen und Fertigungseinrichtungen der Universität Stuttgart befaßt sich mit den neuen Entwicklungen der Werkzeugmaschine und anderen Fertigungseinrichtungen, die insbesondere durch den erhöhten Anteil der Steuerungstechnik an den Gesamtanlagen gekennzeichnet sind. Dabei stehen die numerisch gesteuerte Werkzeugmaschine in Programmierung, Steuerung, Konstruktion und Arbeitseinsatz sowie die vermehrte Verwendung des Digitalrechners in Konstruktion und Fertigung im Vordergrund des Interesses.

Im Rahmen dieser Buchreihe sollen in zwangloser Folge drei bis fünf Berichte pro Jahr erscheinen, in welchen über einzelne Forschungsarbeiten berichtet wird. Vorzugsweise kommen hierbei Forschungsergebnisse, Dissertationen, Vorlesungsmanuskripte und Seminarausarbeitungen zur Veröffentlichung.

Diese Berichte sollen dem in der Praxis stehenden Ingenieur zur Weiterbildung dienen und helfen, Aufgaben auf diesem Gebiet der Steuerungstechnik zu lösen. Der Studierende kann mit diesen Berichten sein Wissen vertiefen.

Unter dem Gesichtspunkt einer schnellen und kostengünstigen Drucklegung wird auf besondere Ausstattung verzichtet und die Buchreihe im Fotodruck hergestellt.

Der Herausgeber dankt dem Springer-Verlag für Hinweise zur äußeren Gestaltung und Übernahme des Buchvertriebs.

Gottfried Stute

Inhaltsverzeichnis

Schrifttum

/ 1/ Opitz, H.; Everling, W.; Stotko, E.C.; Groebler, J. — Rationalisierung der Entwurfs- und Konstruktionsarbeiten in der Maschinenindustrie. Dortmund: Verkehrs und Wirtschaftsverlag, 1966.

/ 2/ VDI 2210 — Datenverarbeitung in der Konstruktion. Analyse des Konstruktionsprozesses im Hinblick auf den EDV-Einsatz. Entwurf Nov. 1975.

/ 3/ Herold, H.H.; Maßberg, W.; Stute, G. — Die numerische Steuerung in der Fertigungstechnik. Düsseldorf: VDI-Verlag, 1971.

/ 4/ Boelke, K. — Verhalten elektrischer und elektrohydraulischer Vorschubantriebe für bahngesteuerte Werkzeugmaschinen. wt-Z. ind. Fertig. 64 (1974), S. 687...693.

/ 5/ Stute, G. u.a. — Die Lageregelung an Werkzeugmaschinen. Stuttgart: ISW-Selbstverlag, 1975.

/ 6/ Stute, G. u.a. — Die Lageregelung an Werkzeugmaschinen. Stuttgart: ISW-Selbstverlag, 1979.

/ 7/ Hilmer, H. — Rechnerunterstützte Auslegung und Berechnung von Kugelgewindespindeln. Gräfelfing: Technischer Verlag Resch KG, 1978.

/ 8/ Filter, G. — Rechnerunterstütztes Konstruieren von Werkzeugmaschinengeradführungen. Gräfelfing: Technischer Verlag Resch KG, 1978.

/ 9/ Kopperschläger, F.D. — Über die Auslegung mechanischer Übertragungselemente an numerisch gesteuerten Werkzeugmaschinen. Aachen: Dr.-Ing.-Diss. 1976.

/10/ Kümmel, F. — Elektrische Antriebstechnik. Berlin, Heidelberg, New York: Springer-Verlag, 1965.

/11/ VDE 0530 — Bestimmungen für elektrische Maschinen.

/12/ Opitz, H. — Auslegung von Vorschubantrieben für NC-Maschinen. Bericht über die VDW-Konstrukteur-Arbeitstagung 1969.

/13/ Schmid, D. — Beitrag zur Auslegung numerischer Steuerungen. Berlin, Heidelberg, New-York: Springer-Verlag, 1972.

/14/ - — Hütte IV, Elektrotechnik Teil A. Berlin: Verlag Wilhelm Ernst & Sohn, 1957.

/15/ Bederke, Ptassek, Rothenbach, Vaske — Elektrische Antriebe und Steuerungen. Stuttgart: B.G. Teubner Verlag, 1969.

/16/ Kienzle, O. — Die Bestimmung von Kräften und Leistungen an spanenden Werkzeugen und Werkzeugmaschinen. VDI Z. 94 (1952), S. 229.

/17/ Meyer, K.F. — Vorschub- und Rückkräfte beim Drehen mit Hartmetallwerkzeugen. Aachen: Dr.-Ing.-Diss. 1963.

/18/ Nusser, G. — Berechnung der Vorschubkraft beim Stirnfräsen. Maschinenmarkt 76 (1970) Nr. 10, S. 175...179.

/19/ Stute, G. — Die Entwicklung der Steuerungstechnik unter dem Einfluß der Bauelemente. wt-Z. ind. Fertig. 66 (1976), S. 683...690.

/20/ VDI 3427 — Dynamisches Verhalten von numerischen Bahnsteuerungen an Werkzeugmaschinen. Entwurf Juni 1975.

/21/ Boelke, K. — Beitrag zur Analyse und Beurteilung von Lagesteuerungen für numerisch gesteuerte Werkzeugmaschinen. Berlin, Heidelberg, New York: Springer-Verlag, 1977.

/22/ Stof, P. — Untersuchung von Möglichkeiten zur Reduzierung dynamischer Bahnabweichungen bei numerisch gesteuerten Werkzeugmaschinen. Berlin, Heidelberg, New York: Springer-Verlag, 1978.

/23/ Hak, J. — Wärmequellen-Netze elektrischer Maschinen. Elektrotechnik und Maschinenbau 76 (1958), S. 236...242.

/24/ Gotter, G. — Erwärmung und Kühlung elektrischer Maschinen. Berlin, Göttingen, Heidelberg: Springer-Verlag, 1954.

/25/ Stute, G., Stof, P. — Untersuchung über die Verwendbarkeit von Gleichstrommaschinen als Vorschubantriebe für numerisch gesteuerte Werkzeugmaschinen. VDW-Bericht 1003, 1974.

/26/ Kessler, A. Analyse meßtechnisch ermittelter Erwärmungs- und Abkühlungskurven elektrischer Maschinen. Acta Technica (1964) Nr. 4, S. 347...377.

/27/ Wolters, P. Rechnerunterstützte Dimensionierung von Vorschubantrieben für numerisch gesteuerte Werkzeugmaschinen. Aachen: Dr.-Ing.-Diss. 1976.

/28/ N.N. Elektrische Vorschubantriebe für Werkzeugmaschinen. Erlangen: Siemens-Verlag erscheint demnächst.

/29/ Gevatter, H. Dynamisches Verhalten elektronisch gespeister Gleichstrom-Servomotoren. Regelungstechnik und Prozeß-Datenverarbeitung 21 (1973) H.1, S. 17...24.

/30/ Niemann, G. Maschinenelemente II. Berlin, Göttingen, Heidelberg: Springer-Verlag, 1965.

/31/ Stute, G., Ackermann, U., Böbel, K.H. Rechnerunterstützte Konstruktion geregelter elektrischer Vorschubantriebe. Karlsruhe: KFK-CAD 21, 1977.

/32/ Eitel, H. Beitrag zur numerischen Verarbeitung eines geometrischen Werkstückbeschreibungssystems. Berlin, Heidelberg, New York: Springer-Verlag, 1973.

/33/ Jentsch, W. Digitale Simulation. München, Wien: R. Oldenbourg Verlag, 1969.

/34/ Bauer, E.; Böbel, K.H.; Debus, A.; Schurr, R. — Praktische Einsatzbeispiele für CAD-Programmiersysteme im Werkzeugmaschinenbau. TZ f. prakt. Metallbearb. 70 (1976) 12, S. 406...409.

/35/ Noppen, R. — Technische Datenverarbeitung bei der Planung und Fertigung industrieller Erzeugnisse. In: Methoden für die rechnerunterstützte Entwicklung und Konstruktion. Berlin, Heidelberg, New York: Springer-Verlag, 1977.

/36/ - — Projektbericht 77 - Bereich Maschinenbau. Karlsruhe: KFK-CAD 13, 1977.

/37/ Beitz, W. — Warum Konstruktionsforschung? In: Konstruktion als Wissenschaft. VDI-Berichte 219. Düsseldorf: VDI-Verlag, 1974.

/38/ Stute, G.; Holtz, K. — Strukturierung von Programmketten am Beispiel CAD, Anwendung Hydraulik. In: Strukturierungsmethode und Computer, Bwl 101. Frankfurt/Main: Maschinenbau-Verlag GmbH, 1978.

Formelzeichen und Abkürzungen

Formelzeichen

a Beschleunigung, Schnittiefe

a_T Tischbeschleunigung

A Fläche

b Spanungsbreite

B Schnittbreite

c Federkonstante

c_M Motorkonstante

c_W spezifische Wärme des Leitermaterials

C Kapazität

d Durchmesser

d_K Kerndurchmesser der Spindel

d_N Nenndurchmesser der Spindel

d_W Wellendurchmesser

D Dämpfung

D_A Dämpfung des Antriebs

D_{mech} Dämpfung der mechanischen Übertragungsglieder

D_M Dämpfung des Motors

ED relative Einschaltdauer

ED_{sp} relative Einschaltdauer der Schruppbearbeitung

f Frequenz, Funktion

f_{mech} Mechanische Kennfrequenz

f_ν Frequenz der ν-ten Oberschwingung

F Kraft

F_B Beschleunigungskraft

F_D Dämpfungskraft

F_F Federkraft

F_I Stromformfaktor

F_L Lastkraft

F_{rm} mittlere Radialkraft

F_R Reibkraft

F_{sm} mittlere Schnittkraft

F_v Vorschubkraft

F_{VT} Vorspannkraft Tisch

F_Z Zerspankraft in Normalenrichtung des Tisches

F_σ Kraft auf Antrieb

$F(p)$ Übertragungsfunktion

$F_{Go}(p)$ Übertragungsfunktion des offenen Geschwindigkeitsregelkreises

$F_{Gw}(p)$ Übertragungsfunktion des geschlossenen Geschwindigkeitsregelkreises

$F_M(p)$	Motorübertragungsfunktion
$F_{M\sigma}(p)$	Motorstörübertragungsfunktion
$F_{RG}(p)$	Übertragungsfunktion des Geschwindigkeitsreglers
$F_{RS}(p)$	Übertragungsfunktion des Stromreglers
$G(z)$	z-Übertragungsfunktion
g	Erdbeschleunigung
h	Spindelsteigung, Spanungsdicke
h_m	mittlere Spanungsdicke
i	Getriebeübersetzungsverhältnis
I	Motorstrom
I_{dN}	Ventilstrom des Verstärkers - Nennwert
I_{eff}	Wechselstromanteil des effektiven Motorstroms
j	Imaginäre Einheit $\sqrt{-1}$
J	Massenträgheitsmoment
J_{ges}	Gesamtes Trägheitsmoment des Antriebs
J_{mech}	Trägheitsmoment der mechanischen Übertragungsglieder
J_M	Motorträgheitsmoment
J_S	Spindelträgheitsmoment
J_T	Tischträgheitsmoment
$k_{v1.1}$	spezifische Vorschub-
$k_{s1.1}$	spezifische Schnittkraft
k_1	Korrekturfaktor für Vorbohren
k_2	Verschleißfaktor
K	Zählgröße (ganzzahlig)
K_{PG}	Verstärkung des Geschwindigkeitsreglers
K_{PS}	Verstärkung des Stromreglers
K_R	Verstärkung des Lagereglers
K_V	Geschwindigkeitsverstärkung
l	Länge
l_m	mittlerer Verfahrweg
L_A	Ankerkreisinduktivität
m	Masse
m_A	Masse des Schwenkarms
m_{GA}	Masse des Gewichtsausgleichs
m_S	Masse der Gewindespindel
m_T	Masse des Tisches mit Werkstück
m_W	Masse einer Welle
m_{WZ}	Masse des Werkzeugs

1-m	Anstiegskraft der spezifischen Schnittkraft
M	Motormoment
M_B	Motorbeschleunigungsmoment
M_{eff}	effektives Lastmoment
M_L	Lastmoment durch Zerspanung
M_N	Motornennmoment
M_{Nst}	Stillstandsdauermoment
M_R	Reibmoment
M_{sch}	Zerspanmoment beim Schlichten
M_{sp}	Zerspanmoment beim Schruppen
M_{st}	Motorstillstandsmoment
M_{VS}	Vorspannmoment des Spindellagers
M_W	Widerstandsmoment
n	Motordrehzahl
n_{eil}	Eilgangdrehzahl
n_{max}	max. Drehzahl bei dynam. Vorgängen
n_{min}	min. Motordrehzahl
n_{omax}	max. Motorleerlaufdrehzahl
p	Pulszahl, Laplace-Operator
P	Leistung
P_{Cu}	Verlustleistung der Wicklung
P_V	Verlustleistung
P_{VR}	Reibverlustleistung
P_{Vst}	Nennverlustleistung im Stillstand
r	Radius
R	elektrischer Widerstand
R_A	Ankerkreiswiderstand
s	Weg, Vorschub
s_z	Vorschub je Zahn
Δs	Wegdifferenz
S_A	Stromdichte
t	Zeit
t_a	Ausschwingzeit
t_{an}	Anregelzeit
t_A	Anlaufzeit
t_B	Belastungsdauer
t_{Br}	Bremszeit
t_{pos}	Positionierzeit
t_{pt}	theoretische Positionierzeit
t_S	Spieldauer
t_{st}	Stillstandszeit
T	Zeitkonstante, Schrittweite
T_A	Mechanische Zeitkonstante des Antriebs

T_{el}	elektrische Zeitkonstante des Motors	V	Volumen, Verluste
T_M	mechanische Zeitkonstante des Motors	w_I	Stromwelligkeit
T_{NG}	Nachstellzeit des Geschwindigkeitsreglers	W	Spannungswelligkeit
T_{NS}	Nachstellzeit des Stromreglers	x	in x-Richtung
T_t	Totzeit	x_a	Ausgangsgröße
u	Vorschubgeschwindigkeit	x_e	Eingangsgröße
u_B	Bearbeitungsgeschwindigkeit	$1-x$	Anstiegswert der spezifischen Vorschubkraft
u_{eil}	Eilganggeschwindigkeit	X_A	Induktiver Ankerkreiswiderstand
u_{iw}	Istwert der Geschwindigkeit des Werkstücks bzw. Werkzeugs	y	in y-Richtung
u_{sch}	mittlere Vorschubgeschwindigkeit beim Schlichten	z	in z-Richtung, Zähnezahl, Operator der z-Übertragungsfunktion
u_{sp}	mittlere Vorschubgeschwindigkeit beim Schruppen	Z	Abspanrate
$ü$	Überschwingweite	α	Temperaturkoeffizent, Motoraussteuerung, Winkel
$ü_a$	Überschwingabweichung	β	Winkel
U	Spannung, Überstand des Fräsers	δ	Regeltoleranz, relativer Fehler
U_d	Gleichspannung des Verstärkers	η_G	Getriebewirkungsgrad
U_{dio}	Ideelle Leerlaufgleichspannung des Verstärkers	η_S	Spindelwirkungsgrad
U_M	Motorankerspannung	ϑ	Übertemperatur
v	Schnittgeschwindigkeit	ϑ_a	Anfangsübertemperatur
		ϑ_e	Endübertemperatur
		$\varkappa$	Einstellwinkel des Werkzeugs

$\varkappa_W$	spezifischer Widerstandsleitwert
μ_L	Reibkoeffizient Spindellager
μ_T	Reibkoeffizient Tisch
μ_W	Reibkoeffizient Welle
ν	Zählindex
ρ	Spezifische Dichte
Θ	Temperatur
Θ_u	Umgebungstemperatur
τ	thermische Zeitkonstante
τ_e	Erwärmungszeitkonstante
τ_a	Abkühlungszeitkonstante
φ_E	Eingriffswinkel
ω	Winkelgeschwindigkeit, Kennkreisfrequenz
ω_{iM}	Istwert der Winkelgeschwindigkeit des Motors
ω_{iw}	Istwert der Winkelgeschwindigkeit des Werkstücks bzw. Werkzeugs
ω_M	Motorkennkreisfrequenz
ω_{oA}	Antriebskennkreisfrequenz
ω_{omech}	Kennkreisfrequenz der mechanischen Übertragungsglieder
$\mathcal{L}$	Laplace-Transformation
$\mathfrak{z}$	z-Transformation

Mehrfach verwendete Indizes

eff	Effektivwert
f	Führungsgröße
i	Istwert
max	Maximalwert
M	Motorwert
N	Nennwert
o	Leerlauf, Bezugswert
opt	optimaler Wert
s	Sollgröße
zul	zulässiger Wert

Abkürzungen

ALGOL	algorithmic language
APL	a programming language
APT	automatic programmed tool
BASIC	problemorientierte Programmiersprache
CAD	computer aided design
GRK	Geschwindigkeits-regelkreis
EDV (DV)	elektronische Datenverarbeitung
EDVA (DVA)	elektronische Datenverarbeitungsanlage
EXAPT	extended subset of APT
EXP	Exponentialfunktion
FORTRAN	Formula Translating System
GENESYS	general engineering system
I	Integral-
ICES	integrated civil engineering
ISO	International Organization for Standardization
IST	Informationssystem Technik
NC	numerical control
P	Proportional-
PI	Proportional-Integral-
PID	Proportional-Integral-Differential
PL1	programming language
PT1	Verzögerungsglied 1. Ordnung
REGENT	Rechnergestützter Entwurf
REKONE	Rechnerunterstützte Konstruktion elektrischer Vorschubantriebe
RK-4	Runge-Kutta Verfahren 4. Ordnung
SRK	Stromregelkreis
VDE	Verband Deutscher Elektrotechniker

Verwendete FORTRAN-Sprachworte

CALL

COMMON

READ

1 Einleitung und Aufgabenstellung

Während sich bisher die Rationalisierungsmaßnahmen in der industriellen Produktionstechnik vor allem auf die Automatisierung der Fertigung konzentrierten, sind zunehmend Bestrebungen zu beobachten, die darauf zielen, die Bereiche Konstruktion und Arbeitsvorbereitung höher zu automatisieren. Ein geeignetes Hilfsmittel, durch dessen Einsatz ein wirtschaftlicher Nutzen erwartet werden kann, stellt die elektronische Datenverarbeitung (EDV) dar.

Ausgangspunkt der Entwicklung für den Rechnereinsatz in der Konstruktion sind Forderungen nach qualitativer Produktverbesserung, Zeitverkürzung, Abbau repetitiver Routinetätigkeiten und Kostensenkung. Voraussetzung hierfür sind u.a. leistungsfähige Programme, wie sie etwa im fertigungstechnischen Bereich zur NC-Teileprogrammierung eingesetzt werden.

Auch in der Werkzeugmaschinenkonstruktion hat man sich über den Rechnereinsatz frühzeitig Gedanken gemacht /1/. Da jedoch die Softwareentwicklungskosten für einzelne Firmen, der zumeist mittelständischen Werkzeugmaschinenindustrie, zu kostspielig waren, trat erst durch öffentliche Förderungen eine breitere Entwicklung ein. Im Rahmen dieser Förderung entstanden an mehreren deutschen Hochschulen und auch in privaten Unternehmen Programme, die es gestatten, einen großen Teil der Objekte einer Werkzeugmaschine rechnerunterstützt zu konstruieren.
Eine praxisgerechte Lösung wird dadurch unterstützt, daß zur Konstruktion komplexerer Objekte, wie sie die Maschineneinheiten einer Werkzeugmaschine darstellen (Bild 1.1), auf überschaubare Programme zurückgegriffen wird, die kleinere Bauteile oder Systeme auslegen.

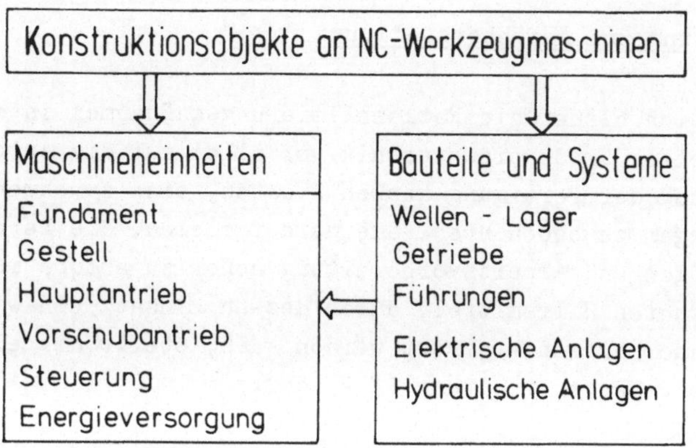

Bild 1.1: Konstruktionsobjekte an NC-Werkzeugmaschinen

Auch der Vorschubantrieb, mit dessen Auslegung sich die vorgelegte Arbeit befaßt, besteht aus mehreren Bauteilen. Um den hohen Anforderungen, die an ihn gestellt werden, gerecht zu werden, ist eine optimale Auslegung und gegenseitige Abstimmung der Bauteile notwendig. Da bei der konventionellen Auslegung der Vorschubantriebe häufig Probleme in Bezug auf die thermische Auslastung der Antriebe und die Festlegung der dynamischen Eigenschaften bestehen, führt dies zu Unsicherheiten bei der Erfüllung dieser Anforderungen.
In dieser Arbeit sollen deshalb Auslegungsmethoden aufgezeigt werden, die mit Hilfe des Rechners die bestehenden Mängel beheben.

2 Stand der Technik bei Vorschubantrieben

In der Konstruktionssystematik unterscheidet man u.a. zwischen Neu- und Variantenkonstruktion /2/. Während bei der Neukonstruktion nach neuen Lösungen gesucht wird, verwendet die Variantenkonstruktion bekannte Konstruktionsprinzipien. Bei der Konstruktion eines Vorschubantriebs werden fast ausschließlich solche Bauteile und Bauprinzipien eingesetzt, die sich in der Praxis bewährt haben. Aus diesem Grund kann man die gestellte Aufgabe der Variantenkonstruktion zuordnen. Es verbleiben dann in erster Linie die Tätigkeiten: Aussuchen geeigneter Bauteilevarianten und deren Dimensionierung und Detaillierung. Deshalb ist es bei der Auslegung von Vorschubantrieben besonders wichtig, sich am Stand der Technik zu orientieren.

2.1 Aufgaben eines Vorschubantriebs

Vorschubantriebe werden bei spanenden Werkzeugmaschinen wie z.B. Bohr-, Fräs-, Dreh-, Wälzfräs-, Hobel- und Schleifmaschinen als auch bei Fertigungseinrichtungen wie Nibbel-, Funkenerosions- und Brennschneidmaschinen eingesetzt. Bei numerischer Steuerung dieser Maschinen findet der Antrieb als Stellglied einer Lagesteuerung oder Lageregelung Verwendung und hat die Aufgabe, die von der Lageregeleinrichtung erzeugten Geschwindigkeitssignale u_s möglichst unverzögert in eine translatorische oder rotatorische Bewegung des Werkzeuges oder Werkstückes umzusetzen (Bild 2.1). Außer der Erzeugung einer stetig einstellbaren Vorschubgeschwindigkeit muß der Antrieb auch die Kräfte F_σ aufbringen, die während des Bearbeitungsvorganges auftreten.
Werden Bahnkurven im Raum oder in der Ebene gefordert, so sind mehrere voneinander völlig entkoppelte Einzelantriebe daran beteiligt. Im allgemeinen werden zwei oder drei Maschinenschlitten in einem orthogonalen Koordinatensystem angeordnet. Dabei erzeugt eine numerische Steuerung (Bahnsteuerung) die notwendigen Lagesollsignale s_f.

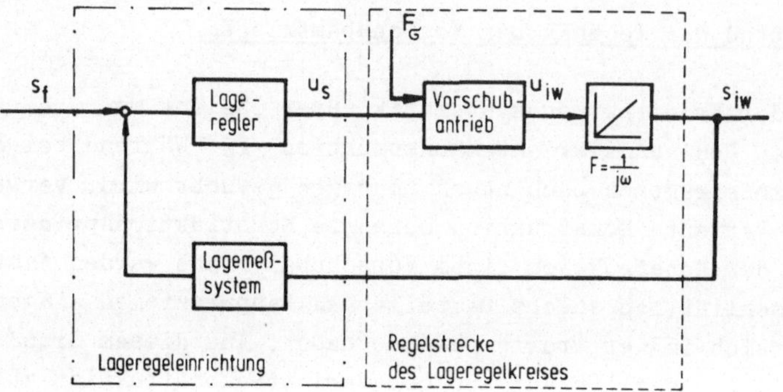

Bild 2.1: Signalflußplan einer Lageregelung

Da bei Bahnsteuerungen die größten Anforderungen an die Vorschubantriebe von Werkzeugmaschinen auftreten, wird insbesondere dieser Fall betrachtet.

2.2 Aufbau von Vorschubantrieben

2.2.1 Struktur

Zu einem Vorschubantrieb zählen nach /3/ alle Einrichtungen, die im Wirkungsbereich zwischen dem Sollwert der Geschwindigkeit u_s und dem Kraftangriffspunkt liegen (Bild 2.1). Der Kraftangriffspunkt tritt zwischen Werkzeug und Werkstück auf, wo auch die Geschwindigkeit u_{iw} wirkt. Bei diesen Einrichtungen unterscheidet man (siehe Bild 2.2)

- den drehzahlgeregelten Motor oder Vorschubmotor
- und die mechanischen Übertragungsglieder.

Der drehzahlgeregelte Vorschubmotor besteht aus einer Drehzahlregeleinrichtung, einem Leistungsverstärker als Stellglied und einem Motor. Da die hier betrachteten Vorschubmotoren zur Verbesserung des Führungs- und Störübertragungsverhaltens stets drehzahlgeregelt sind, wird in der Folge zum Teil die Bezeichnung "drehzahlgeregelt" weggelassen und nur vom Vorschubmotor geredet.

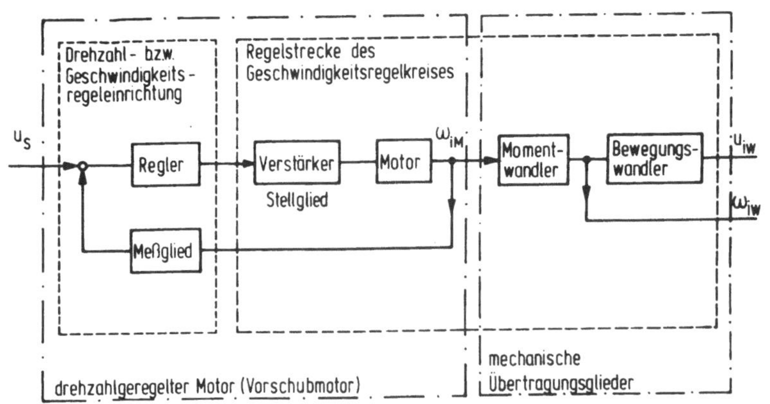

Bild 2.2: Struktur eines geregelten Vorschubantriebs

In der beschriebenen Zusammensetzung wird der Vorschubmotor von den meisten Herstellern angeboten. Er ist das antreibende Element, hat ein besonders reaktionsschnelles Verhalten und liefert das notwendige Moment zur Überwindung der Belastungskräfte. Charakteristisch für Vorschubantriebe ist, daß nicht die eigentliche Regelgröße, d.h. die Vorschubgeschwindigkeit u_{iw} des Werkstückes oder Werkzeuges bei translatorischen Bewegungen bzw. ω_{iw} bei rotatorischen, erfaßt wird, sondern aus meßtechnischen Gründen die Drehzahl bzw. Winkelgeschwindigkeit ω_{iM} des Motors. Dadurch bleiben die mechanischen Übertragungsglieder außerhalb der Drehzahlregelung. Diese Lösung setzt eine hinreichend starre Kopplung der mechanischen Übertragungsglieder voraus.

Die mechanischen Übertragungsglieder dienen zur Bewegung und Aufnahme von Werkzeug oder Werkstück. Dazu sind bei translatorischen Vorschubbewegungen Elemente beteiligt, die eine Moment- und Bewegungswandlung durchführen. Bei rotatorischen Bewegungen entfällt eine Bewegungswandlung.

2.2.2 Bauteilevarianten des drehzahlgeregelten Vorschubmotors

Bei Vorschubantrieben werden drehzahlverstellbare, geregelte

- elektrische
- und hydraulische

Motoren verwendet. Die hydraulischen Vorschubmotoren wurden in der ersten Entwicklungsphase von numerisch gesteuerten Werkzeugmaschinen noch häufig eingesetzt. Sie werden von den elektrischen Vorschubmotoren, wegen deren günstigen Eigenschaften, immer mehr verdrängt /4/ und finden nur noch in speziellen Fällen Verwendung. Deshalb sollen hier nur die elektrischen Vorschubmotoren betrachtet werden. Diese werden nach Bild 2.2 aufgeteilt in die Bauteile

- Regler
- Meßglied
- Verstärker
- Motor

und in folgenden Varianten angeboten (Bild 2.3)

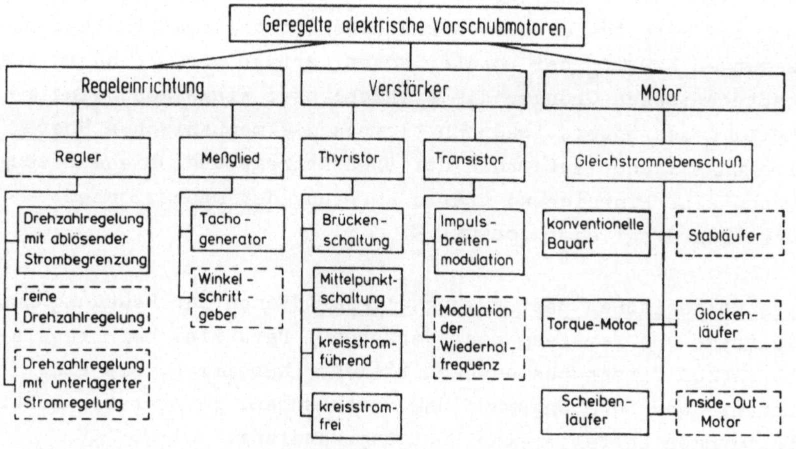

Bild 2.3: Bauteilevarianten geregelter elektrischer Vorschubmotoren

Als einzige Motorart ist hier der Gleichstromnebenschlußmotor betrachtet, da dieser fast ausschließlich eingesetzt wird. Neben diesem finden auch noch elektrische Schrittmotoren Verwendung, die aber wegen ihrer untergeordneten Bedeutung /5/ nicht aufgeführt sind. In der Zukunft könnte auch noch der drehzahlgeregelte Drehstrommotor als Vorschubmotor in Betracht kommen, wenn die sich in Entwicklung befindenden Konzepte /6/ vergleichbar gute Eigenschaften liefern und auch wirtschaftlich interessant sind.

2.2.3 Bauteilevarianten der mechanischen Übertragungsglieder

Für den Aufbau von Vorschubantrieben an Werkzeugmaschinen werden folgende mechanischen Übertragungsglieder eingesetzt:

- Getriebe
- Kupplung
- Welle-Lager
- Gewindespindel-Mutter
- Zahnstange-Ritzel
- Führung-Tisch

Die wesentlichen Einflußgrößen für die Gestaltung der mech. Übertragungsglieder und ihrer Zusammensetzung zu Vorschubantriebsvarianten sind:

- Bewegungsform
  - translatorisch
  - rotatorisch
- Gestaltung der Werkstück- oder Werkzeugaufnahme
- Länge des Verfahrweges
- Achsanzahl der Werkzeugmaschine

Die gebräuchlichsten Varianten sind unter ihren bekannten Namen in Bild 2.4 dargestellt.

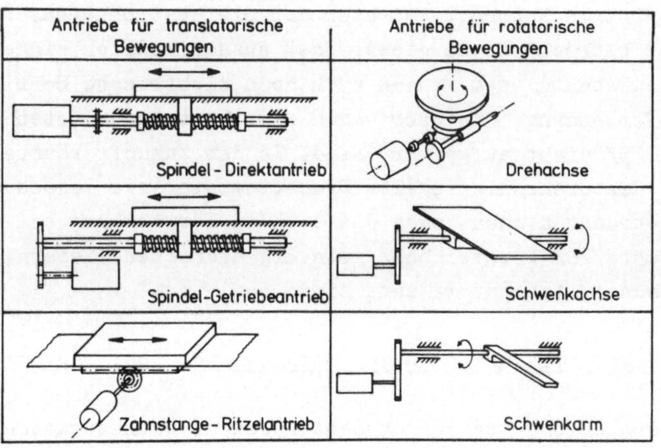

Bild 2.4: Hauptsächlich eingesetzte Vorschubantriebsvarianten

Diese Bezeichnungen leiten sich zumeist aus dem Hauptunterscheidungsmerkmal oder der Bewegungsform ab.
Da die rechnerunterstützte Dimensionierung der aufgeführten mechanischen Übertragungsglieder in /7/, /8/ und /9/ abgehandelt ist, befaßt sich diese Arbeit vertieft mit der Auslegung der Vorschubmotoren. Es gibt jedoch zwischen diesen Bauteilen und dem Vorschubmotor mehrere Wechselwirkungen, die nicht vernachlässigt werden können. Aus diesem Grund werden auch Auslegungsrichtlinien für einzelne mechanische Übertragungsglieder abzuleiten sein.

3 Die konventionelle Auslegung von geregelten elektrischen Vorschubmotoren

3.1 Verwendete Dimensionierungsrichtlinien

Die Auslegung von elektrischen Vorschubmotoren erfolgt in gleicher Weise,wie es allgemein für elektrische Antriebe üblich ist und z.B. in /10/ beschrieben ist (siehe dazu auch Bild 3.1).
Eine Festlegung der Antriebsart und der Regelstruktur ist in den seltensten Fällen notwendig, da vom Motorhersteller abgestimmte geregelte Vorschubmotoren angeboten werden, so daß sich die Auslegung auf die Dimensionierung des Motors, die Auswahl der Verstärkerart und des Motorherstellers beschränkt.

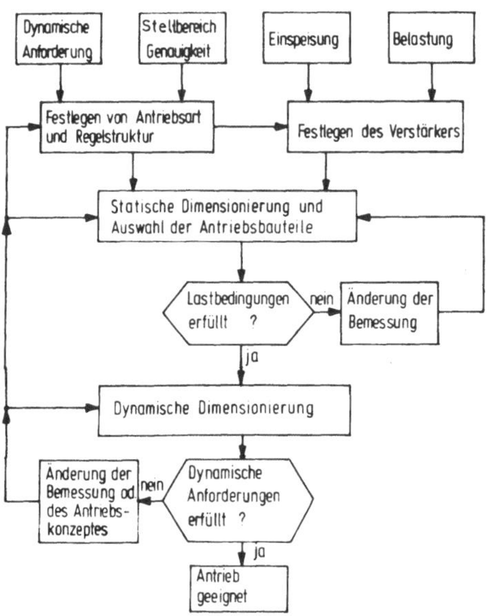

Bild 3.1: Allgemeine Vorgehensweise bei der Auslegung von Antrieben nach /10/

Die Dimensionierung der Motoren erfolgt wesentlich in zwei Schritten. Im ersten Auslegungsschritt wird eine

- statische Dimensionierung

durchgeführt und im zweiten eine

- dynamische Dimensionierung.

Die <u>statische Dimensionierung</u> hat die Aufgabe, die Anforderungen an den Vorschubmotor hinsichtlich

- der Maximaldrehzahl n_{max}
- dem Drehzahlstellbereich
- und dem maximalen Widerstandsmoment M_{Wmax}

zu definieren und denjenigen auszusuchen, der diese Bedingungen erfüllt und ferner eine möglichst gute thermische Auslastung von Motor und Verstärker garantiert.
Dazu werden folgende Berechnungen durchgeführt:

a) Die notwendige Motordrehzahl n_{max} aus der maximalen Vorschubgeschwindigkeit u_{max} unter Berücksichtigung der mech. Übertragungsglieder.

b) Die minimale Drehzahl des Vorschubmotors n_{min} aus dem kleinsten verfahrbaren Wegschritt Δs_{min} des Tisches und der eingestellten Geschwindigkeitsverstärkung K_V des Lageregelkreises (siehe Bild 3.2).

c) Das Widerstandsmoment M_W aus der Vorschubkraft F_V unter Berücksichtigung des Reibmoments M_R und der Momentwandlung der mechanischen Übertragungsglieder sowie dem Stromformfaktor F_I des Verstärkers.

d) Das Motornennmoment M_N aus dem effektiven Motorbelastungsmoment M_{eff} bei angenommener Nennbetriebsart S 3 nach /11/ unter Berücksichtigung des Stromformfaktors F_I.

Die dynamische Dimensionierung hat demgegenüber die Aufgaben, die Anforderungen hinsichtlich des

- Drehzahlzeitverhaltens

zu definieren und denjenigen Vorschubmotor auszusuchen, der sie erfüllt.
Hierzu werden, was durch mehrere Motorhersteller bestätigt wurde, keine einheitlichen Dimensionierungskriterien, eingesetzt. Sie unterscheiden sich jedoch nicht allzuviel, so daß die nachfolgend aufgeführten Berechnungsmethoden, die in /12/ oder /13/ in ähnlicher Weise enthalten sind, etwa repräsentativ sind. Danach gilt

e) Berechnung der maximal zulässigen mechanischen Zeitkonstante T_M des Motors aus den Anforderungen, die an die übergeordnete Lageregelung gestellt werden.
Als Gütekriterien für das Lageverhalten wird z.B. ein überschwingfreies Positionieren oder die Vorschläge nach /13/ verwendet. Durch eine Näherung des Führungsübertragungsverhaltens des Vorschubantriebs mittels eines Verzögerungsgliedes 1. Ordnung (PT1-Glied) mit der Zeitkonstanten T_A und vorgegebener Geschwindigkeitsverstärkung K_V (siehe Bild 3.2), läßt sich dann eine einfache Bedingung an die Zeitkonstante T_M ableiten (siehe Bild 3.3).

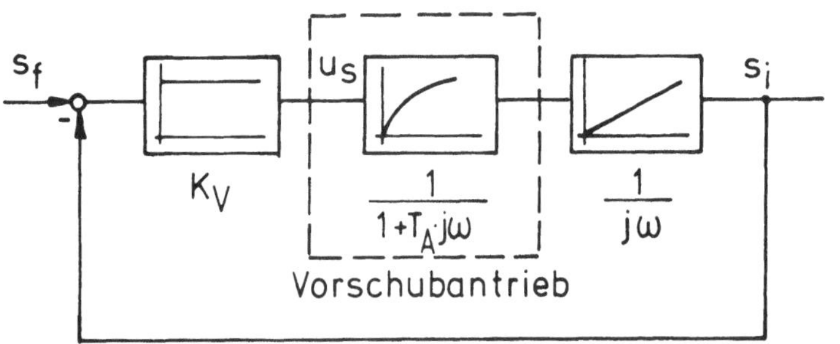

Bild 3.2: Blockschaltbild eines Lageregelkreises mit Vorschubantrieb als PT1-Glied

f) Berechnung des maximalen Beschleunigungsmomentes M_{Bmax} unter Berücksichtigung des Massenträgheitsmomentes J_{mech}.

Zur Verdeutlichung der konventionellen Dimensionierungskriterien sollen die mathematischen Zusammenhänge am Beispiel des Spindel-Getriebeantriebs nachfolgend aufgezeigt werden.

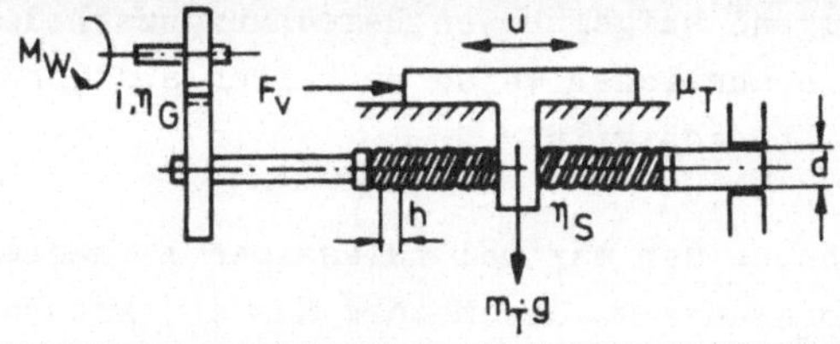

Kenn-größenart	Zusammenhang	Gl.	Quelle
statisch	$n_{max} \geq u_{eil} \cdot i / h$	(3.1)	
	$n_{min} < K_V \cdot \Delta s_{min}$	(3.2)	/5/
	$M_{Wmax} = (F_{vmax} + m_T \cdot g \cdot \mu_T) \cdot h / (2\pi i \cdot \eta_G \cdot \eta_S)$	(3.3)	
	$M_N = M_{eff} = F_{imax} \cdot M_{Wmax} \sqrt{1/(1+\frac{\tau_e \cdot (1-ED)}{\tau_a \cdot ED})}$	(3.4)	/15/
dynamisch	$T_M \leq (0{,}6 \ldots 1) / [K_V (1 + J_{mech}/J_M)]$	(3.5)	/12,13/
	$M_{Bmax} = (J_{mech} + J_M)\, 2\pi\, \Delta n_{eil} / T_A$	(3.6)	/12/
Hilfs-größe	$F_{Imax} = \sqrt{1 + w_{Imax}} = W_{max}(p,\alpha) \cdot U_{dio} / (X_A \cdot I_{dN})$	(3.7)	/14/
	$ED = t_B / t_S = t_B / (t_B + t_{st})$	(3.8)	/15/
	$J_{mech} = (J_S + J_T) / i^2$	(3.9)	/5/
	$J_S = \pi \cdot \rho \cdot l \cdot (d_K + d_N)^4 / 512$	(3.10)	/9/
	$J_T = m \cdot h^2 / (4 \cdot \pi^2)$	(3.11)	/9/

Bild 3.3: Dimensionierungsrichtlinien für Spindel-Getriebeantrieb

Bei dieser Antriebsvariante gelten für die statische und dynamische Dimensionierung die nach Bild 3.3 aufgeführten Beziehungen, wobei der maximalen Vorschubgeschwindigkeit u_{max} die Eilganggeschwindigkeit entspricht (siehe Kap. 4).

3.2 Mängel der Auslegung

Die dargestellten Auslegungsmethoden sind keinesfalls als ideal zu bezeichnen, denn sie genügen nicht allen Anforderungen. Es lassen sich folgende Mängel nennen:

a) Mängel der statischen Dimensionierung

- Ungenaue Erfassung des Reibmoments M_R von Führung, Spindel und Getriebe durch den Wirkungsgrad (η_G und η_S).
- Meist schlechte thermische Ausnutzung der Motoren, da die Belastung nur unzureichend durch das maximale Widerstandsmoment M_{Wmax} und die Einschaltdauer ED beschrieben ist,und man bei der Abschätzung die Werte aus Sicherheitsgründen zu hoch ansetzt.
- Ein Rückschluß auf die zu erwartende Erwärmung des Motors nicht möglich ist, obwohl dies besonders bei einigen kritischen Bearbeitungsfällen mit häufigen Beschleunigungsvorgängen (z.B. bei Gewindeschneidzyklen) nützlich wäre.

b) Mängel der dynamischen Dimensionierung

- Sehr ungenaues Rechenmodell, da der Vorschubantrieb nur als PT1-Glied betrachtet wird.
  Auswirkungen sind:
  - Gestellte Gütekriterien an das Lageverhalten werden in der Praxis nicht eingehalten.

  - Wegen dieser Unsicherheit wird die Geschwindigkeitsverstärkung K_V sehr klein angesetzt und damit "Dynamik" verschenkt.
  - Eine Kontrolle der Kommutierungsfähigkeit des Motorstromes bei Beschleunigungs- oder Bremsvorgängen ist nicht möglich.
  - Nichtlinearitäten, wie z.B. die Begrenzung des Stromes, können nicht betrachtet werden.
- Eine optimale Abstimmung der mech. Übertragungsglieder nach dynamischen Gesichtspunkten erfolgt nicht.

Bei beiden Auslegungsschritten werden zur Verminderung des Aufwandes

- nur wenige, der auf dem Markt befindlichen Vorschubmotoren geprüft und somit eventuell optimalere Lösungen ausgeklammert,
- iterative Berechnungsvorgänge vermieden und durch einfachere Beziehungen ersetzt.

3.3 Maßnahmen zur Verbesserung der Auslegung

Zur Beseitigung der unter 3.2 aufgeführten Mängel werden hier folgende Maßnahmen ergriffen:

- Eine bessere Bestimmung der Anforderungen an Vorschubantriebe, abgeleitet von den fertigungstechnischen Notwendigkeiten und Gegebenheiten.
- Verbesserung der statischen und dynamischen Berechnungsmodelle und Auswahlkriterien.
- Einsatz des Digitalrechners zur Lösung der Berechnungs- und Auswahlaufgaben.

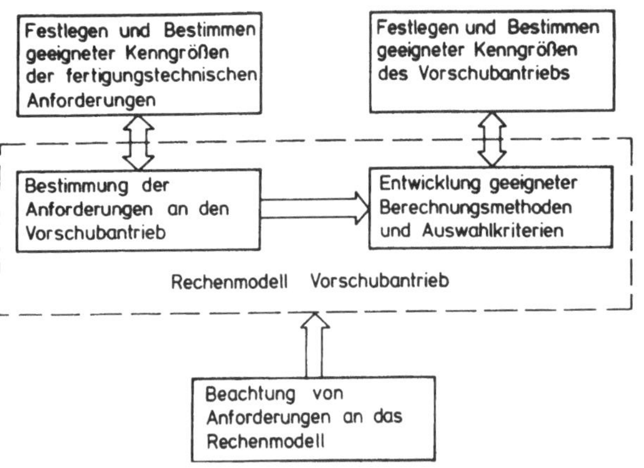

Bild 3.4: Aufgaben bei der Erstellung eines Rechenmodells zur Vorschubantriebsauslegung

Daraus ergeben sich die in Bild 3.4 beschriebenen Aufgaben. Bei ihrer Lösung kommen nur solche Methoden in Betracht, die eine praktische Einsatzfähigkeit und leichte Anwendbarkeit gewährleisten. Deswegen sind an das zu entwickelnde Rechenmodell folgende Forderungen zu stellen:

1) Die Berechnungsmodelle sollen der Realität so genau wie möglich entsprechen.

2) Die Kenndaten der Anforderungen und der Modelle müssen sich mit vertretbarem Aufwand ermitteln lassen.

3) Die Rechenzeit zur Ausführung der Modellrechnung sollte aus Kostengründen so gering wie möglich sein.

4) Die Eingabeform der Daten in das Rechenprogramm sollte möglichst einfach sein und die Darstellung der Ergebnisse aussagekräftig.

Da sich diese Forderungen zum Teil gegenseitig widersprechen, muß ein sinnvoller Kompromiß gefunden werden.

4 Bestimmung der Anforderungen an geregelte elektrische Vorschubmotoren

Eine Möglichkeit, um den Punkt 3 in Kap. 3.3 zu erfüllen, besteht darin, die Auslegung in ein Grob- oder Vorauswahlmodell und in ein Fein- oder Endauswahlmodell zu unterteilen (siehe Kap. 5). Diese Strategie ermöglicht eine frühzeitige Aussonderung ungeeigneter Vorschubmotoren und erspart damit Rechenzeit. Neben einer rechnergerechten Aufbereitung ist die Ermittlung der statischen und dynamischen Anforderungen auch unter diesem Aspekt zu betrachten.

4.1 Anforderungen im statischen Bereich

4.1.1 Motordrehzahlen

Die notwendigen Motordrehzahlen lassen sich nach (3.1) von den Vorschubgeschwindigkeiten ableiten. Bei diesen wird unterschieden zwischen

- Bearbeitungsgeschwindigkeit u_B
- Eilganggeschwindigkeit u_{eil}.

Da bei Werkzeugmaschinen Einzelantriebe eingesetzt werden, interessiert zur Auslegung die Komponente der Bahngeschwindigkeit, die in Achsrichtung wirkt. Mit der obigen Bezeichnung sollen die Achsgeschwindigkeiten gemeint sein.

Die <u>Bearbeitungsgeschwindigkeit</u> erfordert für die unterschiedlichen Zerspanarten und Werkstückstoff-Schneidstoffkombinationen einen großen Einstellbereich. Dieser reicht von kleinsten Geschwindigkeiten in der Größenordnung von 1 mm/min bis zu Vorschubgeschwindigkeiten von (1...4) m/min, die vorwiegend bei der Leichtmetallbearbeitung benötigt werden. Der zumeist benützte Bereich für die Stahlbearbeitung liegt zwischen 0,1 und 0,4 m/min.

Die <u>Eilganggeschwindigkeit</u> dient im Gegensatz zur Bearbeitungsgeschwindigkeit zum Positionieren ohne Bearbeitung.

Sie ist eine fixe Größe, die bei zerspanenden Werkzeugmaschinen meistens zwischen 4 und 12 m/min gewählt wird.
Eine Tendenz zu wesentlich höheren Eilgängen ist bisher noch nicht zu erkennen, aber durchaus denkbar. Der notwendige Stellbereich des Motors, der sich aus dem Verhältnis zwischen Eilganggeschwindigkeit und minimaler Bearbeitungsgeschwindigkeit ermittelt, liegt somit in der Größenordnung von 4000...12000.

4.1.2 Motorbelastung

Nach Kap. 3 wird unterschieden in ein Widerstandsmoment M_W, das bei der jeweils auftretenden Belastung anliegt, und in ein Moment M_{eff}, das die gemittelte Belastung über eine längere Periode wiedergibt. Zur rechnerunterstützten Dimensionierung des Motors sollen diese Größen auch verwendet werden.

4.1.2.1 Das Widerstandsmoment

Das Widerstandsmoment errechnet sich allgemein nach

$$M_W = M_L + M_R \qquad (4.1)$$

aus dem Lastmoment M_L, das von der Zerspanung herrührt, und dem Reibmoment M_R.
Die Kraftkomponente der Zerspankraft, die zum Lastmoment M_L beiträgt, wird als Vorschubkraft F_v bezeichnet. Sie wirkt in Vorschubrichtung und hängt von zahlreichen Einflußgrößen ab (siehe Bild 4.1). Dazu zählen u.a. die Schnittgeschwindigkeit v, der Vorschub s und die Schnittiefe a. Diese Größen bestimmen wesentlich die Zerspanmenge pro Zeiteinheit W_z und somit auch die Wirtschaftlichkeit (Hauptzeit). Dafür muß eine entsprechende Leistung bei den Hauptspindel- und den Vorschubantrieben installiert werden. Eine Abschätzung der Vorschubkräfte ist hierzu unbedingt notwendig.
Außer den bereits genannten Einflußgrößen treten bei den verschiedenen Bearbeitungsarten noch folgende auf: Schneidengeometrie, Werkstückstoff- Schneidstoffkombination, Vorbe-

Bearbeitungs-verfahren	Vorschubkraftbestimmung	Hilfsformel	Abspanrate
Drehen	$F_v = k_{v1.1} \cdot k_2 \cdot b \cdot h^{(1-x)}$	$b = \frac{a}{\sin \varkappa}$ $h = s \cdot \sin \varkappa$	$Z = s \cdot v \cdot a\,(1 - \frac{a}{d})$
Bohren	$F_v = k_{v1.1} k_1 k_2\, d(\frac{s}{2} \sin \varkappa)^{(1-x)}$	------	$Z = \frac{d \cdot s \cdot v}{4}$
Stirnfräsen	$F_v = \frac{z}{2\pi} k_2 [F_{sm}(\sin\varphi_2 - \sin\varphi_1) - F_{rm}(\cos\varphi_2 - \cos\varphi_1)]$ 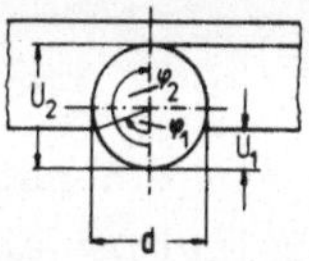 (Skizze: U_2, U_1, φ_1, φ_2, d)	$F_{rm} = k_{v1.1}\, b(\sin\varkappa) h_m^{(1-x)}$ $F_{sm} = k_{s1.1}\, b \cdot h_m^{(1-m)}$ $h_m = \frac{180}{\varphi_E} s_z \sin\varkappa \cdot (\cos\varphi_1 - \cos\varphi_2)$ $\cos\varphi_1 = 1 - \frac{2U_1}{d}$ $\cos\varphi_2 = 1 - \frac{2U_2}{d}$	$Z = \frac{z \cdot s_z \cdot a \cdot v \cdot B}{d \cdot \pi}$
k_1 : Korrekturfaktor Vorbohren (≤1) ; k_2: Verschleißfaktor (≥1)			

Bild 4.1: Vorschubkraftberechnung bei verschiedenen Bearbeitungsverfahren

handlung der Werkstoffe, Kühlmittel bei der Bearbeitung und der Verschleißzustand der Werkzeuge. Viele dieser Größen sind für den allgemeinen Zerspanfall gar nicht festzulegen, da sie in weiten Bereichen schwanken. Für die Berechnung der Vorschubkräfte, die in ähnlicher Weise wie die Berechnung der Hauptschnittkräfte /16/ erfolgt (siehe Bild 4.1), benötigt man die spezifischen Vorschubkräfte $k_{v1.1}$. Es handelt sich hierbei jedoch nicht um eine Werkstoffkonstante im üblichen Sinn, da wesentliche Abhängigkeiten vom Spanwinkel und der Schnittgeschwindigkeit bestehen. Ihre Größe, sowie deren Anstiegswerte, werden empirisch durch Zerspanversuche ermittelt. Mit Hilfe derartiger Versuche konnten in /17/ und /18/ Beziehungen hergeleitet werden, die eine Berechnung der Vorschubkräfte gestatten. Die Zusammenhänge für die spez. Vorschubkraft $k_{v1.1}$ und deren Anstiegswert (1-x) liegen als Nomogramme vor und lassen sich daher auch in einen Rechenalgorithmus umsetzen.

Für die angedeutete Grobauswahl wird eine Aussage über die maximale Vorschubkraft benötigt. Da hier nicht von einem beliebigen Bearbeitungsfall ausgegangen werden sollte, sondern

von dem der die ungünstigsten Zerspanbedingungen beschreibt, wurde folgende Untersuchung gemacht.
Unter Verwendung des aufgezeigten Berechnungsmodelles wurden bei verschiedenen Stahlsorten alle verbleibenden Einflußgrößen in technologisch üblichen Bereichen variiert und die maximale Vorschubkraft ermittelt. Das Ergebnis dieser Rechnung ist in Bild 4.2 aufgetragen. Als unabhängige Variable wurde die Abspanrate Z verwendet, da diese Größe meist als Kennwert von Werkzeugen vorliegt.

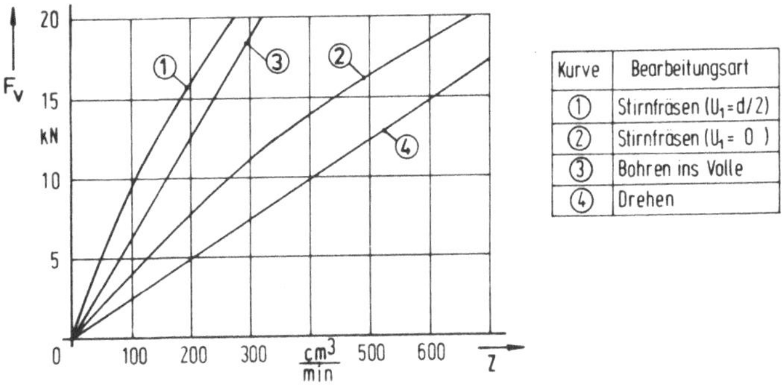

Bild 4.2: Vorschubkräfte bei verschiedenen Bearbeitungsverfahren

Bild 4.2 zeigt auch die Größenordnung der Vorschubkräfte. Bei den meisten Bearbeitungsvorgängen genügen danach (5000... 15000) N. Lediglich bei Zerspanvorgängen mit großen Stirnfräsern, besonders für den Eingriffsfall U_1 = d/2, und bei Mehrspindelbohrungen können höhere Kräfte auftreten.

Das Reibmoment M_R, das den zweiten Anteil am Widerstandsmoment darstellt, wird wie das Lastmoment durch sehr viele Größen beeinflußt. Ein wesentlicher Faktor für die Berechnung von M_R stellen die unterschiedlichen Vorschubvarianten nach Bild 2.4 dar. In Bild 4.3 sind in einer rechnergerechten Form die Beziehungen für einzelne mech. Übertragungsglieder aufgeführt. Hierbei wird im Gegensatz zu Kap. 2.2.3 noch die Einbauanlage der Elemente berücksichtigt.

mech. Übertragungsglied	Formel	Einzusetzende Werte bei: Translat. Achsen $\alpha < 90°$	$\alpha = 90°$	Drehtisch	Schwenktisch o.-arm
1 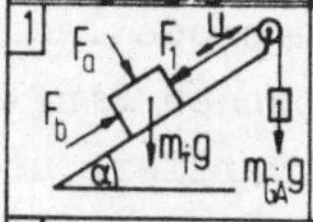	$F_1 = F_b + \text{sign}(u) \cdot [g(m_T \sin\alpha - m_{GA}) + \mu(F + m_T g \cos\alpha)]$	$F_a = F_2 + F_{VT}$ $F_b = F_v$ $\mu = \mu_T(u)$	–	–	–
2 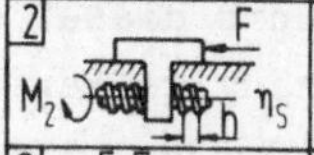	$\eta_S = h/(h + 0{,}02 d_S)$ $M_2 = \frac{F \cdot h}{\eta_S \cdot 2\pi} + M_{VS}$	$F = F_1$	$F = F_3$	–	–
3 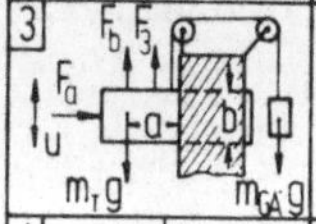	$F_3 = F_b + \text{sign}(u) \cdot [g(m_T - m_{GA}) + \mu (F_a + a(m_T g - F_b)/b)]$	–	$F_a = F_2 + F_{VT}$ $F_b = F_v$ $\mu = \mu_T(u)$	–	–
4 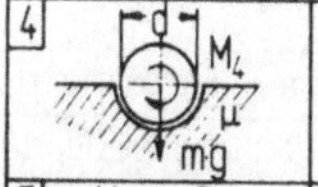	$M_4 = \frac{\pi \cdot \mu \cdot mg\, d}{4} + M_{VS}$	$m = m_S$ $\mu = \mu_L(u)$ $d = d_N$	$m = m_S$ $\mu = \mu_L(u)$ $d = d_N$	$m = m_W$ $\mu = \mu_W(u)$ $d = d_W$	$m = m_T + m_W$ $\mu = \mu_W(u)$ $d = d_W$
5 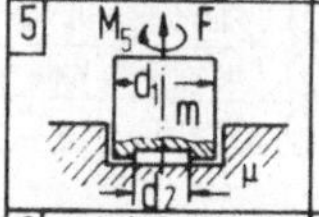	$M_5 = \frac{d_1 + d_2}{4} \mu(mg - F)$	–	$m = m_T + m_S$ $F = F_3$ $\mu = \mu_L(u)$	$m = m_T$ $F = F_2 + F_{VT}$ $\mu = \mu_W(u)$	–
6 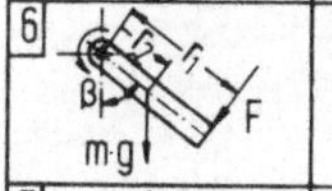	$M_6 = mg\, r_2 \sin\beta + F r_1$	–	–	–	$m = m_T$ oder $m = m_A + m_{WZ}$ $F = F_v$
7 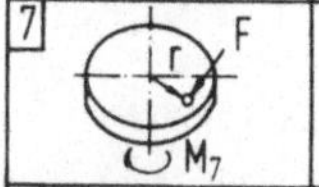	$M_7 = r \cdot F$	–	–	$F = F_v$	–
8 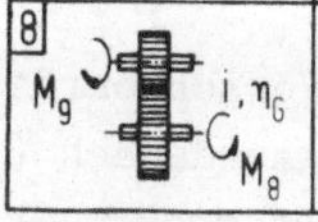	$M_9 = \frac{M_8}{\eta_G \cdot i}$	$M_8 = M_2 + M_4$	$M_8 = M_2 + M_4 + M_5$	$M_8 = M_4 + M_5 + M_7$	$M_8 = M_4 + M_6$

1 Führung-Tisch unter Anstellwinkel und mit Gewichtsausgleich
2 Spindel-Mutter-System
3 Führung-Tisch vertikal mit Gewichtsausgleich
4 Welle-Lager horizontal eingebaut
5 Welle-Lager vertikal eingebaut
6 Schwenkarm (Hebel)
7 Drehtisch horizontal angeordnet
8 Vorschubgetriebe

Bild 4.3: Zusammensetzung des Widerstandsmomentes bei verschiedenen Vorschubvarianten

Das Widerstandsmoment ergibt sich dann durch Zusammensetzung der Einzelbeziehungen nach folgender Systematik (Bild 4.4):

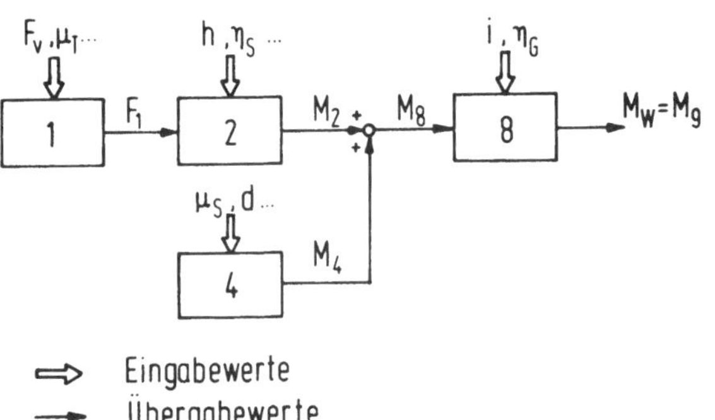

Bild 4.4: Berechnungsbeispiel des Widerstandsmomentes bei Spindelgetriebeantrieb aus den Beziehungen nach Bild 4.3

Im Gegensatz zu (3.3) wird der Reibwert bei allen Beziehungen geschwindigkeitsabhängig

$$\mu(u) = \mu_o + \frac{\mu_{eil} - \mu_o}{u_{eil}} \cdot u \qquad (4.2)$$

angesetzt, um die erheblichen Unterschiede zwischen Haftreibkoeffizient μ_o und Gleitreibkoeffizient bei Eilganggeschwindigkeit zu erfassen. Dieser Schritt ist notwendig, da das verfügbare Motordauermoment mit wachsender Drehzahl zum Teil beträchtlich fällt (siehe Bild 4.5). Deshalb sollten nicht nur der Betriebspunkt mit max. Widerstandsmoment und Bearbeitungsgeschwindigkeit betrachtet werden, sondern auch der bei Eilgang. Im letzten Fall wirkt nur der Reibanteil.

Weitere Verbesserungen bei der Reibmomentberechnung werden erreicht durch die Berücksichtigung von

- Vorspannkräften bzw. Vorspannmomenten in Lager und Führung
- Lagerreibung

Eine Hilfe bei der Abschätzung der notwendigen Kenndaten stellen entweder Messungen, wie z.B. der Reibcharakteristik ausgeführter Maschinen /5/, oder die Angaben der Bauteilehersteller dar.

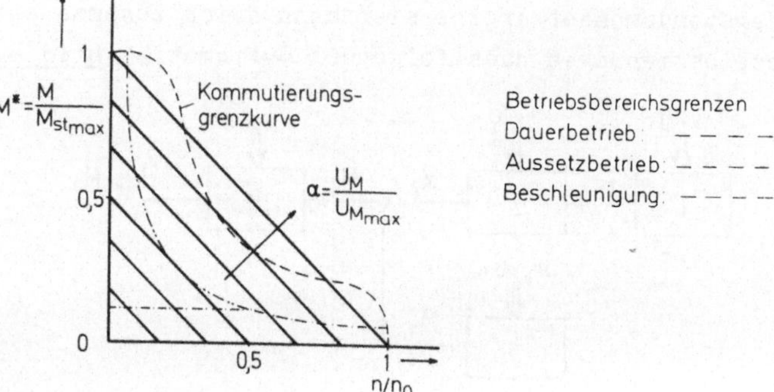

Bild 4.5: Kennlinienfeld und Betriebsbereichsgrenzen des Gleichstromnebenschlußmotors

4.1.2.2 Das effektive Motormoment

NC-Werkzeugmaschinen sind für einen universellen Einsatz konstruiert. Es können daher Anwendungsfälle sehr unterschiedlicher Ausnutzung auftreten, bei denen das Lastspiel aus unregelmäßigen Folgen von Belastungen unterschiedlicher Größe und Dauer besteht. Aus diesem Grund ist es schwierig

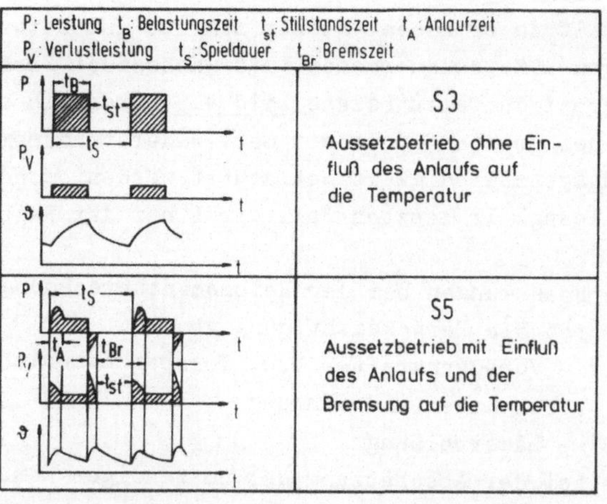

Bild 4.6: Anwendbare Nennbetriebsarten für die Belastung bei Vorschubantrieben /11/.

ein effektives Belastungsmoment zu bestimmen. Zur Lösung dieser Aufgabe ist in Kap. 3 der Lastverlauf durch die Nennbetriebsart S3 nach VDE 0530 angenähert. Eine genauere Abschätzung wird erreicht, wenn auch die Anlauf- und Bremsvorgänge mit einbezogen werden, wie das bei S5 der Fall ist (siehe Bild 4.6).
Will man darüberhinaus auch die unterschiedliche Größe der Belastung, z.B. bei Schrupp- und Schlichtvorgängen berücksichtigen, so muß diese Betriebsart etwas modifiziert werden. Dies soll hier in der Form geschehen, daß charakteristische Lastarten unterschieden werden, deren zeitlicher Anteil und Größe über mehrere Lastspiele abgeschätzt wird. Innerhalb der Spieldauer t_S wird dann dieselbe Aufteilung gewählt (siehe Bild 4.7).

Lastart	Zeitanteil	wirkender Lastanteil	Größenordnung (bez. auf M_N)
Beschleunigungs- und Bremsvorgänge	t_{B1}	M_B	2 ... 3,5
Positioniervorgänge-Eilgangbewegungen	t_{B2}	M_R	0,1 ... 0,4
Schruppvorgänge	t_{B3}	$M_R + M_{sp}$	1
Schlicht- bzw. Feinbearbeitungen	t_{B4}	$M_R + M_{sch}$	0,3 ... 0,6
Stillstandszeit	t_{st}	-	0

Bild 4.7: Lastverteilung bei Werkzeugmaschinen

In diesem Fall ergibt sich ein Effektivmoment von

$$M_{eff} = \sqrt{\frac{M_B^2 t_{B1} + M_R^2 t_{B2} + (M_R + M_{spmax})^2 t_{B3} + (M_R + M_{sch})^2 t_{B4}}{t_{B1} + t_{B2} + t_{B3} + t_{B4} + \frac{\tau_e}{\tau_a} t_{st}}} \tag{4.3}$$

Durch Auflösen von (4.3) nach dem maximalen Widerstandsmoment M_{Wmax}, das sich aus dem maximalen Lastmoment bei

Schruppbearbeitung M_{spmax} und dem Reibmoment M_R zusammensetzt, erhält man bei gleichzeitiger Normierung auf das Nennmoment M_N folgenden Zusammenhang:

$$\frac{M_{Wmax}}{M_N} = \sqrt{c_1} \tag{4.4}$$

$$\text{mit} \quad c_1 = 1 + \frac{\tau_e}{\tau_a} \cdot ED_{sp} + \left[1 - \left(\frac{M_B}{M_N}\right)^2\right]\frac{t_{B1}}{t_{B3}} + \left[1 - \left(\frac{M_R}{M_N}\right)^2\right]\frac{t_{B2}}{t_{B3}} + \left[1 - \left(\frac{M_R+M_{sch}}{M_N}\right)^2\right]\frac{t_{B4}}{t_{B3}}$$

wobei $\overline{ED}_{sp} = t_{B3}/t_S$ die Einschaltdauer der Schruppbearbeitung darstellt.

Diese Beziehung gibt zum einen wieder, um welches Verhältnis das Nennmoment während der Zeit t_{B3} überschritten werden kann. Zum anderen stellt (4.4) ein Auslegungskriterium in der Form von (3.4) dar, wenn nach dem Motornennmoment M_N aufgelöst wird.

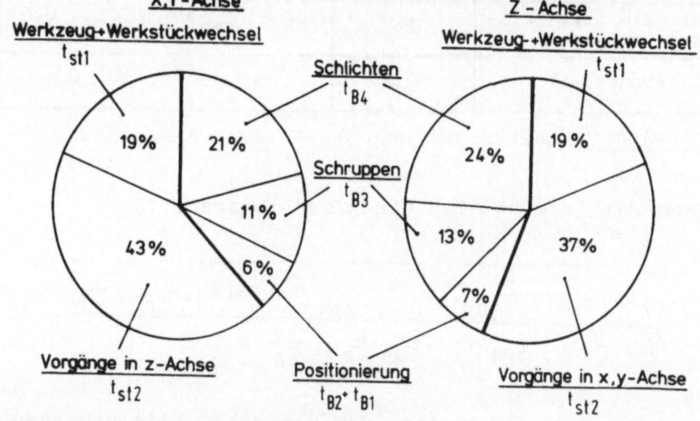

Bild 4.8: Zeitliche Auslastung der Vorschubmotoren eines Bearbeitungszentrums

Der Unterschied dieser beiden Beziehungen soll an einem Beispiel verdeutlicht werden. Hierzu wurden zunächst 30 Arbeitspläne hinsichtlich der Zeitanteile gemäß Bild 4.7 analysiert. Das Ergebnis dieser Analyse ist in Bild 4.8 aufgetragen und enthält die Zeitaufteilung in jeder der drei untersuchten Achsen. Die ermittelte Stillstandszeit t_{st} wurde getrennt in einen Anteil t_{st1} für Werkzeug- und Werkstückwechsel und in t_{st2}, während dem zwar bearbeitet wird, aber in der betrachteten Maschinenachse keine Belastung auftritt. Diese Zerlegung soll zeigen, um wieviel die Stillstandszeit größer angesetzt werden kann, wenn die Zeitanteile pro Achse betrachtet werden und nicht nur unterschieden wird zwischen Stillstand (bei Werkzeug- und Werkstückwechsel) und Bearbeitung (z.B. in /19/).
Bei der gefundenen Zeitaufteilung wie in der Z-Achse, den Größenordnungen der Momente nach Bild 4.7 sowie einem Verhältnis der Erwärmungs- zur Abkühlzeitkonstante von

$$\tau_e / \tau_a = 0{,}5$$

ergibt sich nach Gl.(4.4):

$$M_N = 0{,}6\ M_{Wmax} \qquad \text{oder} \qquad \frac{M_{Wmax}}{M_N} = 1{,}67$$

und nach Gl.(3.4):

$$M_N = 0{,}78\ M_{Wmax} \qquad \text{oder} \qquad \frac{M_{Wmax}}{M_N} = 1{,}28$$

d.h. nach (4.4) genügt bei gleicher Maximalbelastung ein geringeres Nennmoment.
Da eine Ermittlung der Zeitanteile mit Hilfe von Arbeitsplänen sehr aufwendig ist, die Abschätzung des Effektivmoments aber zur rechnerunterstützten Auslegung verwendet werden wird (siehe Kap. 5), soll eine Methode dargestellt werden, mit der dies auf einfachem Wege möglich ist. Hierzu wird benötigt:

- der mittlere Verfahrweg l_m
- die gemittelten Vorschubgeschwindigkeiten bei den verschiedenen Lastarten ($u_2 = u_{eil}$, $u_3 = u_{sp}$, $u_4 = u_B$)
- die Anlaufzeit t_A
- das Verhältnis $\frac{K_4}{K_3} = \frac{\text{Anzahl der Schlichtvorgänge}}{\text{Anzahl der Schruppvorgänge}}$

Mit diesen Größen gelten unter Verwendung der Gleichung

$$t_{B\nu} = K_\nu \frac{l_m}{u_\nu} \qquad \nu = (2...4)$$

(K = Anzahl der Bearbeitungsvorgänge, $\nu \hat{=}$ Bearbeitungsart) und den Annahmen

- pro Bearbeitungsschritt erfolgt je ein Anfahr- und Bremsvorgang
- pro Schlicht- und Schruppvorgang wird je ein Positioniervorgang mit Eilgang ausgeführt

folgende Zusammenhänge:

$$\frac{t_{B1}}{t_{B3}} = 4\left(1 + \frac{K_4}{K_3}\right) \frac{t_A \, u_{sp}}{l_m}$$

$$\frac{t_{B2}}{t_{B3}} = \left(1 + \frac{K_4}{K_3}\right) \frac{u_{sp}}{u_{eil}}$$

$$\frac{t_{B4}}{t_{B3}} = \frac{K_4}{K_3} \frac{u_{sp}}{u_{sch}}$$

Das Verhältnis M_{Wmax}/M_N wurde mit Hilfe dieser Beziehungen beispielhaft für Fräs- und Drehmaschinen ermittelt und in Abhängigkeit von ED_{sp} in Bild 4.9 aufgetragen. Aus demselben Bild kann abgelesen werden, wie die Einflußgrößen hierzu angenommen wurden.
Eine Bestätigung für die Genauigkeit dieser Abschätzung läßt sich daraus erkennen, daß das oben ermittelte Überlastverhältnis von $M_{Wmax}/M_N = 1{,}67$ bei etwa derselben Einschaltdauer ED_{sp} wie in Bild 4.8 erreicht wird.

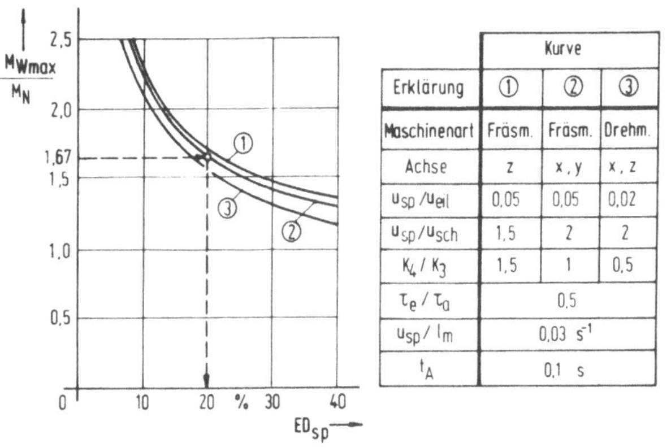

Erklärung	Kurve ①	Kurve ②	Kurve ③
Maschinenart	Fräsm.	Fräsm.	Drehm.
Achse	z	x, y	x, z
u_{sp}/u_{eil}	0,05	0,05	0,02
u_{sp}/u_{sch}	1,5	2	2
K_4/K_3	1,5	1	0,5
τ_e/τ_a	0,5		
u_{sp}/l_m	0,03 s^{-1}		
t_A	0,1 s		

Bild 4.9: Mögliche Motorüberlastbarkeit bei modifizierter Nennbetriebsart S5

Bei diesen derartig großen Überlastverhältnissen ist es angebracht zu überprüfen, ob die zulässige Übertemperatur während der Schruppvorgänge nicht überschritten wird. Eine Aussage darüber kann nur eine Erwärmungsrechnung vermitteln. Diese Tatsache unterstreicht zum einen den in Kap. 3.2 beschriebenen Mangel der konventionellen Auslegung und kann zum anderen als Argument für den Einsatz dieser Auslegungshilfe bei der rechnerunterstützten Lösung gewertet werden.
An dieser Stelle sei zur Vervollständigung der Betrachtung anhand des Bildes 4.10 gezeigt, welche Spieldauer bei den ermittelten Überlastungen zulässig ist. Für die Herleitung dieser Beziehung wurde das Lastspiel in einen Schruppvorgang eingeteilt, bei dem der Motor überlastet ist und sich stark erwärmt, und einen Abkühlungsvorgang, bei dem das Moment M^*_{eff} anliegt. M^*_{eff} ist hierbei das Effektivmoment aus dem Anlauf-, Brems-, Eilgang- und Schlichtvorgang sowie bei Stillstand. Bei einer Erwärmungszeitkonstante des Motors von z.B. 60 min und M_{eff}/M_N = (0,1...0,2) liegt die zulässige Spieldauer bei

$$t_S \approx (12...30)\ \text{min}$$

und ist damit größer als die Bearbeitungszeit der meisten Teile.

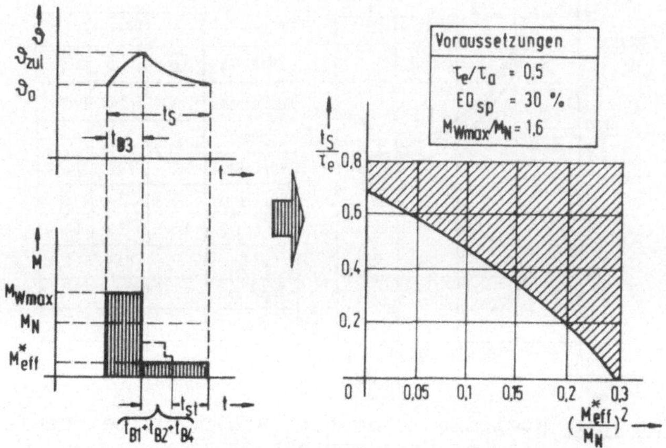

Bild 4.10: Zulässige Spieldauer bei der modifizierten Nennbetriebsart S5

Wenn also durch eine Auslegungsmethode (Erwärmungsrechnung) mit größerer Sicherheit, wie dies Bild 4.10 vermittelt, eine unzulässige Überlastung ausgeschlossen werden kann, ist es bei den Lastverhältnissen, wie sie bei Werkzeugmaschinen auftreten, durchaus möglich eine höhere Auslastung der Vorschubantriebe zu erreichen.

4.2 Anforderungen im dynamischen Betrieb

Die dynamischen Anforderungen leiten sich in erster Linie aus der erwünschten Bearbeitungsgenauigkeit von Werkstückkonturen ab, die im Bahnbetrieb gefertigt werden. Vorhandene Abweichungen, z.B. solche bei charakteristischen Bahnkurven /20/ nach Bild 4.11, treten u.a. deswegen auf, weil die Bauteile des Vorschubantriebs kein ideales Übertragungsverhalten haben.

Bahnkurve	Kennzeichnende Bahnabweichung
schiefwinklige Ecke	Parallelversatz Eckenabweichung Überschwingen Unterschwingen
Kreis	Kreisformabweichung (Radiusabweichung)

Bild 4.11: Kennzeichnende Größen der Bahnabweichung charakteristischer Bahnkurven

Beeinflussende Größen der beteiligten Vorschubantriebselemente auf diese Bahnabweichungen sind in Bild 4.12 aufgeführt.

Bauteil des Vorschubantriebs	Beeinflussende Größe auf die Bahnabweichungen
geregelter Vorschubmotor	Totzeit des Verstärkers Beharrungsvermögen Beschleunigungsbegrenzung Drehzahlsteifigkeit
mechanische Übertragungsglieder	Reibung Spiel Beharrungsvermögen Steifigkeit

Bild 4.12: Einflußgrößen auf die Bahnabweichungen

Da durch eine Optimierung nach dem Gütekriterium "Überschwingfreies Positionieren" nach Kap. 3.1 nicht gewährleistet ist, daß Bahnabweichungen unter dem zulässigen Maß bleiben, soll versucht werden den absoluten Wert der Bahnabweichung mit einzubeziehen. Fehlende Bindeglieder für die Auslegung der Vorschubmotoren sind die Zusammenhänge zwischen

Bahnabweichungen und deren Einflußgrößen. In /13/, /21/ und /22/ werden diese gesuchten Beziehungen für die Größen der charakteristischen Bahnkurven nach Bild 4.11 in Form von Diagrammen angegeben. Insbesondere die Betrachtungen in /21/ und /22/, bei denen ein sehr realistisches Übertragungsverhalten des Vorschubantriebs im Lageregelkreis verwendet wurde (siehe Bild 4.13), eignen sich für den gesuchten Zweck. Das angenommene Verhalten entspricht einem Verzögerungsglied zweiter Ordnung (Schwingungsglied) mit Totzeitverhalten, dessen Kenngrößen die Kennkreisfrequenz ω_{oA}, die Dämpfung D_A und die Totzeit T_t sind. Dieses Verhalten wurde auch durch eine Vielzahl von Frequenzgangmessungen /5/ analysiert. Deshalb soll es hier besondere Beachtung finden.

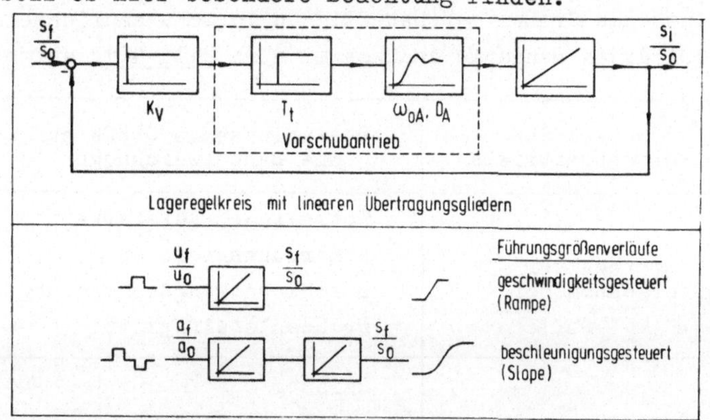

Bild 4.13: Lageregelkreis mit Vorschubantrieb als Schwinger mit Totzeit und Darstellung üblicher Führungsgrößenverläufe

Unter Einbeziehung der noch nicht aufgeführten Einflußgrößen

- Geschwindigkeitsverstärkung K_V des Lageregelkreises
- Art des Führungsgrößenverlaufes s_f (Größe der Geschwindigkeits- und Beschleunigungsänderungen)

lassen sich zu den gefundenen Beziehungen folgende Aussagen machen:

- Für minimale Bahnabweichungen sollte das Verhältnis K_V/ω_{oA} optimal abgestimmt werden (siehe Bild 4.14).
- Für die Beschleunigung a_f bei beschleunigungsgesteuertem Führungsgrößenverlauf sind auch Einstellregeln zu beachten.
- Die absolute Bahnabweichung wird mit steigender Kennkreisfrequenz ω_{oA} kleiner.

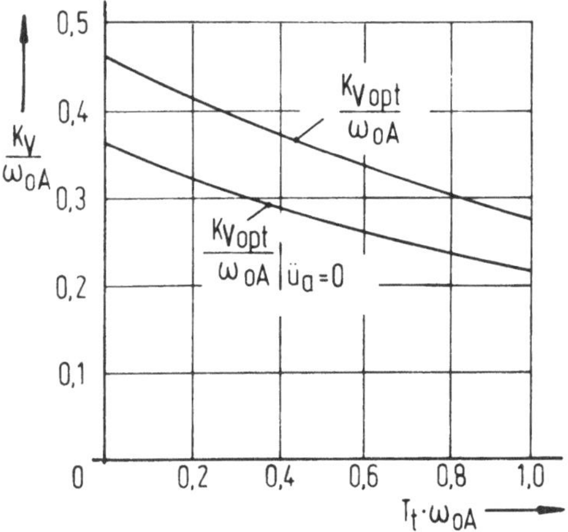

Bild 4.14: Optimale Einstellung des Lagereglers nach /21/

Zum Aufbau eines geeigneten Rechenmodells (siehe Kap. 5) sollen diese Erkenntnisse für die Bestimmung der dynamischen Kenngrößen (T_t, D_A, ω_{oA}) in geeigneter Form Verwendung finden. Dabei muß entschieden werden, ob aus dem absoluten Betrag der Bahnabweichung nach /21/ direkt auf die Kenngrößen geschlossen werden kann.

Ein weiterer Faktor dynamischer Anforderungen, der zwar nicht die gleiche Bedeutung wie die Genauigkeit hat, stellt die Positionierzeit t_{pos} (Bild 4.15) dar. Sie ergibt sich aus der theoretischen Positionierzeit t_{pt} und der Ausschwingzeit t_a, die für die Ausregelung der Regeltoleranz δ benötigt wird. Die Ausschwingzeit, die ein bestimmtes dynamisches

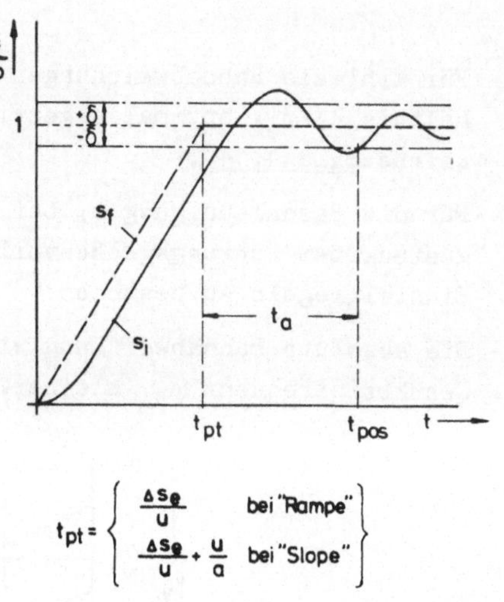

Bild 4.15:
Positioniervorgang eines Vorschubantriebs

Verhalten wiedergibt, hat eine Auswirkung auf die Bearbeitungszeit. In Abhängigkeit von K_V/ω_{oA} und der bezogenen Regeltoleranz wurde t_a für eine Lageregelkreisstruktur nach Bild 4.13, jedoch mit $T_t = 0$, ermittelt. Das Ergebnis ist in Bild 4.16 aufgetragen. Dort ist zu erkennen, daß das Verhältnis K_V/ω_{oA} und die Größe von ω_{oA} einen bedeutenden Einfluß besitzt und somit die vorher aufgeführten Zusammenhänge

Kurve	$\frac{\delta}{u_B/\omega_{oA}}$
①	0,001
②	0,01
③	0,1

Bild 4.16:
Ausschwingzeit bei Positioniervorgängen

unterstreicht. Der Kennkreisfrequenz kommt somit eine zentrale Bedeutung zu.

4.3 Zusammenfassung

Gegenüber den Methoden der konventionellen Antriebsauslegung konnten Berechnungsverfahren aufgezeigt werden, die es gestatten

- Vorschubkräfte, Reibkräfte und das effektive Belastungsmoment exakter abzuschätzen
- aus zulässigen Bahnabweichungen auf die notwendigen dynamischen Eigenschaften der Antriebe zu schließen.

Hierzu wurden zum Teil neue Kenngrößen eingeführt und deren Ermittlung aufgezeigt.
Damit ist nach Bild 3.4 die Ausgangsbasis für die Erstellung der Rechenmodelle für die Auslegung geschaffen.

5 Entwicklung geeigneter Berechnungsmethoden und Auswahlkriterien für das Rechenmodell

Zur Lösung der Aufgabe "Auswahl geeigneter Vorschubmotoren" soll ein abstrahiertes Modell des gesamten Vorschubantriebs erstellt werden. Dieses stellt das berechenbare Ersatzsystem dar und sollte so gewählt werden, daß damit einerseits die geforderte Genauigkeit erreicht wird und seine Realisierung möglich ist (siehe Kap. 3.3). Insbesondere muß hier entschieden werden, ob das Ersatzsystem mit Hilfe der üblicherweise angegebenen Motorkenngrößen (nach Bild 5.1) das Verhalten des realen Systems in ausreichender Form beschreiben kann, oder ob neue Kenngrößen eingeführt werden sollen.

Beanspruchung	Kenngröße	Abkürzung
Mechanisch	Maximaldrehzahl Maximalmoment Nennmoment Trägheitsmoment Mech. Zeitkonstante	n_{omax} M_{max} M_N J_M T_M
Elektrisch	Max. Ankerspannung Max. Ankerstrom El. Zeitkonstante	U_{Mmax} I_{max} T_{el}
Thermisch	Nennstrom Zul. Übertemperatur Erwärmungszeitkonstante Abkühlungszeitkonstante	I_N ϑ_{zul} τ_e τ_a

Bild 5.1: Kenngrößen von Gleichstrommotoren

5.1 Die Struktur des Rechenmodells

Ein Rechenmodell hat die Aufgabe die realen Verhältnisse nachzubilden. Es greift dabei auf mathematische Zusammenhänge zurück, die in logischer Folge miteinander verknüpft

sind. Dieser Ablauf spiegelt sich auch im Rechenprogramm des Digitalrechners wider.
Großen Einfluß auf die Struktur des Rechenmodells hat die Form der mathematischen Beziehungen. Liegt z.B. eine explizite Form vor, d.h. hier die festzulegenden Motorkenngrößen KG

$$KG = f\ (EG,\ VW)$$

als Funktion der Einflußgrößen EG und der Größen VW, die die Verhaltensweise beschreibt, so ist eine geschlossene Antriebsdimensionierung möglich. Ist jedoch eine implizite Form

$$KG = g\ [\ EG\ (KG),\ VW\ (KG)\ ]$$

gegeben, so muß auf iterative Verfahren zurückgegriffen werden.

	Statische Auslegung	Dynamische Auslegung
Festzulegende Motor-kenngrößen (KG)	-Motornennmoment M_L -Maximaldrehzahl n_{omax}	-max. Beschleunigungsmoment M_{Bmax} -mech. Zeitkonstante T_M -el. Zeitkonstante T_{el}
Einflußgrößen bei der Auslegung (EG)	-Widerstandsmoment M_W -Belastungsdauer t_B -Belastungsdrehzahl n_B -Eilgangdrehzahl n_{eil} -Motorverluste P_{VM}	-Sollwertvorgabe (Art, Größe der Änderung) -Geschwindigkeitsverstärkung K_V -Gesamtmassenträgheitsmoment J_{ges} -Widerstandsmoment M_W -Strombegrenzung I_{grz}
Geforderte Verhaltensweisen (VW)	-möglichst gute thermische Auslastung unter Einhaltung der Bedingung : $\vartheta_{max} < \vartheta_{zul}$	-Erfüllung der Forderungen an-Bahnabweichungen -Positionierzeit -max. Schleppfehler -Kein Überschreiten der Kommutierungsgrenze -Keine Begrenzung des Stromes im Bereich der Bearbeitungsgeschwindigkeit

Bild 5.2: Kenngrößen der Motorauslegung

Viele der in Bild 5.2 aufgeführten Einflußgrößen und Verhaltensweisen hängen von den Motorkenngrößen ab. Beispiele hierfür sind: $\vartheta = f(\tau_a, \tau_e)$, $t_p = f(T_M, T_{el})$, $J_{ges} = f(T_M)$. Selbst bei stark vereinfachten Dimensionierungsmodellen, wie es die konventionelle Methode darstellt, sind solche Abhängigkeiten vorhanden (siehe Gl.(3.5)). Aus diesem Grund ist man gezwungen das Modell so zu gestalten, daß die Verhaltensweisen VW mit bekannten Einfluß- und Kenngrößen nachzubilden sind und auf ihre Zulässigkeit zu prüfen sind (Bild 5.3).

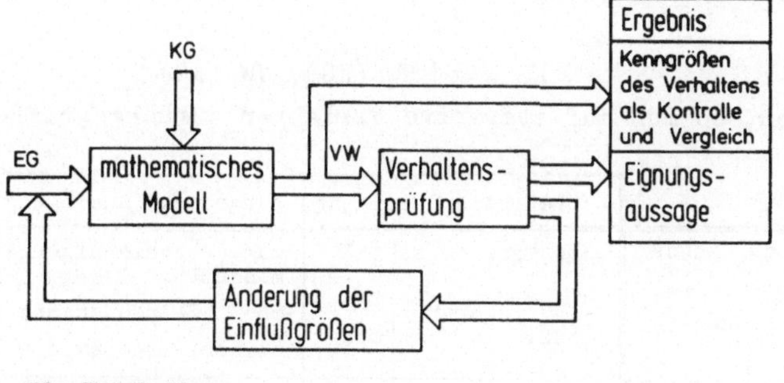

Bild 5.3: Struktur des Rechenmodells zur Auslegung von Vorschubmotoren

In iterativen Schritten werden dabei die Einflußgrößen, die nicht genau festliegen, derartig geändert, daß die geforderten Verhaltensweisen optimal erfüllt sind. Für die Berechnung der Verhaltensweisen muß dabei auf die Motorkenngrößen zurückgegriffen werden. Dies bedeutet, daß die notwendigen Daten gespeichert sein müssen und jeder Motor auf seine Eignung zu prüfen ist.

Um den Rechenaufwand möglichst klein zu halten ist es sinnvoll das Modell so zu gestalten, daß in ein

- Grobmodell

und

- Feinmodell

unterschieden wird. Mit dem Grobmodell sollen auf einfache Weise alle die Motoren ausgeschieden werden, die die Anforderungen in keiner Weise erfüllen. Die Ausscheidungskriterien sollten dabei soweit gefaßt sein, daß sich unter den verbleibenden Motoren noch solche befinden, die im nachfolgenden Feinmodell als ungeeignet gelten.

5.2 Das statische Berechnungsmodell

5.2.1 Das Grobmodell

Als Berechnungsverfahren zur thermischen Auslastung eignet sich für das Grobmodell die Methode der effektiven Belastung nach Kap. 4.1.2. Das Widerstandsmoment kann hier, wie auch für das exaktere Modell, nach den Beziehungen in Bild 4.3 berechnet werden. Da die Einschaltdauer ein recht grober Einflußfaktor zur Auslastungsberechnung ist, sollte man diese im Hinblick auf die nachfolgende Erwärmungsrechnung nicht zu groß wählen, denn sonst scheiden eventuell geeignete Antriebe vorzeitig aus. Ein gutes Mittel dies weitgehendst zu vermeiden stellt die in Kap. 4.1.2.2 entwickelte Abschätzung der Einschaltdauer dar.

5.2.2 Das Feinmodell

Eine bessere Aussage über die Eignung des Motors im statischen Betrieb kann von einer Erwärmungsrechnung erwartet werden. Folgende Verfahren kommen hierzu in Betracht:

① Berechnung mit Hilfe eines Wärmequellennetzes des Motors /23/.

② Berechnung mit Hilfe gemessener Erwärmungsverläufe /24/.

Bei Methode ① wird der Motor durch ein System homogener Körper ersetzt (siehe Bild 5.4). Sind darin die Wärmekapazitäten und -widerstände sowie die Verlustleistung der Wärmequellen bekannt, kann daraus die Temperatur Θ_V an verschiedenen Stellen im Motor errechnet werden.

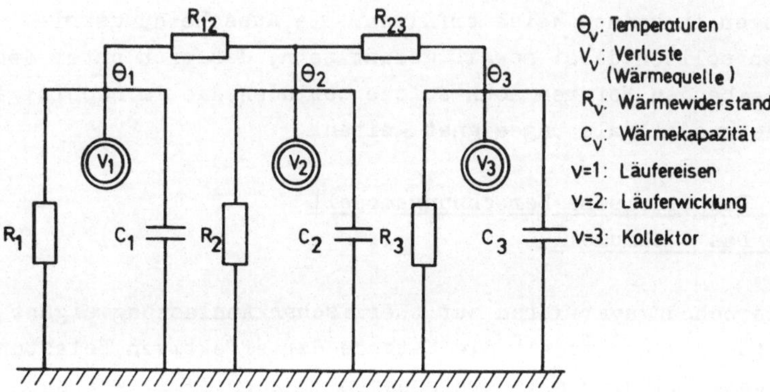

Bild 5.4: Vereinfachtes äquivalentes Wärmequellennetz für den Läufer eines Gleichstrommotors

Die Methode (2) verwendet dagegen eine Approximation des Erwärmungsverlaufes, der bei konstanter Verlustleistung gemessen wurde, als Rechenmodell. Diese Meßkurven lassen sich im allgemeinen durch die Überlagerung mehrerer Exponentialkurven darstellen. Dann gilt für die Übertemperatur

$$\vartheta = \sum_{v=1}^{n} \vartheta_{ev} \cdot \left(1 - e^{\frac{-t}{\tau_{ev}}} \right)$$

Die Anzahl n ist abhängig von der Genauigkeit,mit der die Meßkurve approximiert werden soll,und vom Verlauf der Erwärmung. Der Verlauf wird dabei stark beeinflußt durch das Meßverfahren und den Meßort. Aus diesem Grunde sind zu unterscheiden:

(2a) Ein Meßverfahren, das über den Ankerwiderstand die Erwärmung erfaßt. Dieses Verfahren, das sehr häufig angewandt wird, liefert einen Mittelwert der Temperatur, die im Anker herrscht. Da zur Messung bei dieser Methode der Motor jeweils stillgesetzt werden muß, steht kein kontinuierliches Meßsignal zur Verfügung. Die auf diese Weise gewonnenen Kurven können meist durch eine Exponentialfunktion gut angenähert werden. Sowohl die

Erwärmungszeitkonstante τ_e als auch die Endübertemperatur ϑ_{eN} bei Nennbetrieb werden hierfür alles Kennwerte von fast allen Motorherstellern angegeben.

(2b) Ein zweites Verfahren verwendet Thermoelemente zur Messung. Damit wird der Verlauf einer ganz bestimmten Meßstelle erfaßt. Für eine Berechnung der maximalen Temperatur müsste dafür der betreffende Ort im Anker gewählt werden. Da dieser jedoch zum einen nicht genau bekannt ist und zum anderen meßtechnisch nur sehr schwierig zugänglich ist, wird dafür der geeignetste Ort gewählt (z.B. in /25/ die Kohlenbürste). Der hier gewonnene Temperaturverlauf weist im Gegensatz zu (2a) einen steileren Anstieg auf und spiegelt damit das Mehrkörpersystem wider. Für eine gute Approximation sind hier mindestens zwei Exponentialfunktionen anzusetzen. Unter Berücksichtigung der Anfangsübertemperaturen ϑ_a und der Umgebungstemperatur Θ_u läßt sich dann das Erwärmungsverhalten nach Bild 5.5 beschreiben.

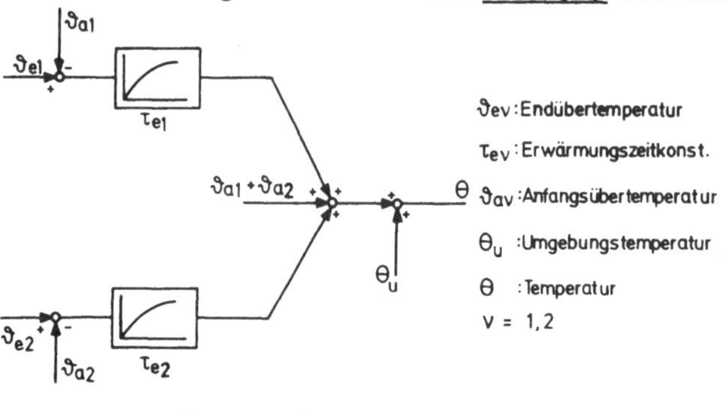

$$\Theta = \Theta_u + \vartheta_{e1}\left(1 - e^{\frac{-t}{\tau_{e1}}}\right) + \vartheta_{e2}\left(1 - e^{\frac{-t}{\tau_{e2}}}\right) + \vartheta_{a1} e^{\frac{-t}{\tau_{e1}}} + \vartheta_{a2} e^{\frac{-t}{\tau_{e2}}}$$

Bild 5.5: Rechenmodell zur Nachbildung des Erwärmungsverhaltens eines Gleichstrommotors

Mit Hilfe der Gegenüberstellung der aufgeführten Verfahren (Bild 5.6) soll die geeignete Methode für das statische Berechnungsmodell gefunden werden.

Ein ideales Berechnungsmodell ergibt sich aus keiner der drei Methoden. Ausschlaggebend für die Wahl ist in diesem Fall die praktische Einsatzfähigkeit (Punkt 3 und 4 in Bild 5.6). Unter diesem Gesichtspunkt wird der Methode (2b) der Vorzug gewährt.

In den Datenblättern sind zwar nur zum Teil die notwendigen Kenngrößen (ϑ_{e1N}, τ_{e1}, ϑ_{e2N}, τ_{e2}) zu finden. Es steht jedoch zumindest ein Wertepaar zur Verfügung. Dann können entweder die fehlenden Werte abgeschätzt werden oder mit Methode (2a) berechnet werden, die im Rechenmodell nach Bild 5.5 enthalten ist. Es ist aber zu hoffen, daß in Zukunft von mehreren Herstellern diese Kennwerte angegeben werden und sie damit ihren Teil zu einer verbesserten Auslegung beitragen.

	Kriterium	Methode 1	Methode 2a	Methode 2b
1	Erzielbare Genauigkeit	gut	gering	brauchbar
2	Erfassung des Ortes mit der größten Erwärmung	möglich	nicht möglich	bedingt möglich
3	Meßaufwand für die Kenngrößen	groß	gering	gering
4	Angabe der Kenngrößen gewährleistet ?	nein	ja	zum Teil
5	Erforderlicher Rechenaufwand	groß	gering	gering

Bild 5.6: Auswahlkriterien verschiedener Erwärmungsmodelle

5.2.3 Die Ermittlung der Kenngrößen des Erwärmungsmodells

Zur Ermittlung der Zeitkonstanten τ_{e1} und τ_{e2} sowie der Endübertemperaturen bei Nennverlustleistung P_{VN} kann das Verfahren nach /26/ verwendet werden. Die Größenordnung der Zeitkonstanten von Vorschubmotoren liegt zwischen (1...10)min für die Zeitkonstante, die den Anfangsverlauf im wesentlichen bestimmt, und (20...120)min für die andere. Da in der Regel bei Abkühlungsvorgängen aufgrund der veränderten Lüftungsverhältnisse andere Zeitkonstanten wirken, muß dieser Einfluß durch die Unterscheidung in Erwärmungs- und Abkühlungszeitkonstante Rechnung getragen werden. Das Verhältnis τ_a/τ_e ist dabei abhängig von der Belüftungsart. Größenordnungen für dieses Verhältnis zeigt Bild 5.7.

Lüftungsart	τ_a/τ_e
Fremdlüftung	≈ 1
Selbstkühlung (gekapselte Motoren)	1,5...3

Bild 5.7: Verhältnis von Abkühlungs- zu Erwärmungszeitkonstante bei Vorschubmotoren

Als weitere Kenngrößen sind die Endübertemperaturen ϑ_{eV} bei beliebiger Verlustleistung zu bestimmen. Sie errechnen sich aus den Endübertemperaturen ϑ_{eV} im Nennbetrieb. Die in /24/ angegebenen Beziehungen setzen dabei voraus, daß

$$\vartheta_e \sim P_V$$

ist und die Verlustleistung P_V im wesentlichen durch die Kupferverluste P_{Cu} entsteht. Werden diese temperaturabhängig in der Form

$$P_{Cu} = \left(\frac{M_{eff}}{c_M}\right)^2 \cdot R_A \cdot (1+\alpha\cdot\vartheta)$$

angesetzt, so erhält man durch Verhältnisbildung

$$\frac{\vartheta_e}{\vartheta_{eN}} = \frac{P_{Cu}}{P_{VN}} = \left(\frac{M_{eff}}{M_N}\right)^2 \cdot \frac{1+\alpha\cdot\vartheta_e}{1+\alpha\cdot\vartheta_{eN}} \qquad \text{oder}$$

$$\vartheta_e = \frac{\vartheta_{eN} \left(\frac{M_{eff}}{M_N}\right)^2}{1 + \alpha \cdot \vartheta_{eN} \left[1 - \left(\frac{M_{eff}}{M_N}\right)^2\right]}$$

Im vorliegenden Fall sollen jedoch auch die Reibungsverluste des Motors mit berücksichtigt werden. Dies ist hier möglich, da die drehzahlabhängigen Reibverluste in der Nennmomentgrenzkurve $M_N(n)$ (siehe Bild 4.5) enthalten sind. Das Verhältnis

$$\frac{P_{VR}}{P_{VN}} = 1 - \frac{P_V(n)}{P_{Vst}} = 1 - \left(\frac{M_N(n)}{M_{Nst}}\right)^2$$

kann aus dieser ermittelt werden. Hierbei stellen P_{Vst} bzw. M_{Nst} die Werte bei n = 0 dar. Mit dieser Beziehung gilt dann für die Endübertemperatur:

$$\vartheta_e = \vartheta_{eN} \frac{\left(\frac{M_{eff}}{M_{Nst}}\right)^2 + (1 + \alpha \cdot \vartheta_{eN}) \cdot \left[1 - \left(\frac{M_N(n)}{M_{Nst}}\right)^2\right]}{1 + \alpha \cdot \vartheta_{eN} \cdot \left[1 - \left(\frac{M_{eff}}{M_{Nst}}\right)^2\right]}$$

5.3 Das dynamische Berechnungsmodell

An dieser Stelle ist zunächst zu prüfen, ob die in Kap. 4.2 angeführten Zusammenhänge zur Bestimmung der Bahnabweichungen nach /21/ und /22/ für das zu entwickelnde Rechenmodell verwertbar sind. Bild 5.2 zeigt, daß außer den zulässigen Bahnabweichungen noch weitere Verhaltensweisen zu prüfen sind. Ferner befinden sich unter den Einflußgrößen auch Größen (M_W, I_{grz}, J_{ges}), die in den erwähnten Zusammenhängen nicht berücksichtigt werden. Aus diesem Grund sollen sie lediglich im Grobmodell eingesetzt werden. Dieses Grobmodell soll dabei nach einer in Bild 5.8 dargestellten

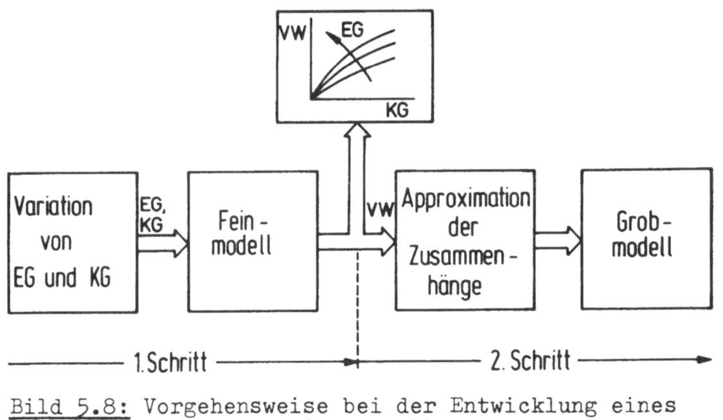

Bild 5.8: Vorgehensweise bei der Entwicklung eines dynamischen Grobmodells

Methode entwickelt werden. Hier werden in einem ersten Schritt, der der Vorgehensweise in /21/ und /22/ zur Gewinnung der Bahnabweichung entspricht, durch Variation der bedeutendsten Einflußgrößen EG und Motorkenngrößen KG mit Hilfe eines Feinmodells die kennzeichnenden Verhaltensweisen VW aufgezeichnet. Aus diesen wird dann ein mathematischer Zusammenhang durch geeignete Approximationen abgeleitet. Voraussetzung hierfür ist ein Feinmodell.

5.3.1 Das Feinmodell

Zur Beurteilung der in Bild 5.2 geforderten Verhaltensweisen ist der zeitliche Verlauf folgender Größen notwendig:

- Motordrehzahl
- Motormoment
- Verfahrweg

Zur rechnerischen Nachbildung dieser Verläufe werden zunächst die realen Verhältnisse dargestellt und daraus ein geeignetes Rechenmodell ermittelt.

5.3.1.1 Verhalten von Motor und Verstärker

Aus den bekannten Gleichungen für den Gleichstromnebenschlußmotor bei konstantem Feld ergibt sich durch Normierung auf die Maximalwerte von Ankerspannung U_{Mmax}, Drehzahl n_{omax} und Stillstandsmoment M_{stmax} folgendes Blockschaltbild 5.9.

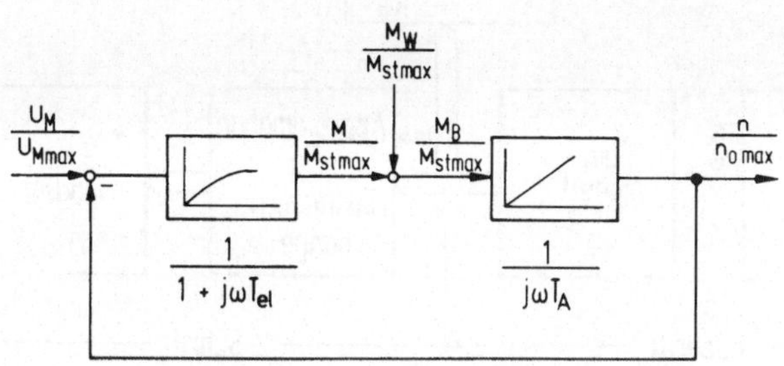

Bild 5.9: Blockschaltbild des Gleichstrommotors

Das entsprechende Führungs- und Störübertragungsverhalten ist

$$F_M(p) = \frac{1}{1+T_A\,p+T_A T_{el}\,p^2} = \frac{1}{1+2D_M\frac{p}{\omega_M}+\left(\frac{p}{\omega_M}\right)^2} \qquad (5.1)$$

$$F_{M6}(p) = -(1+T_{el}\,p)\cdot F_M(p)$$

Hierin sind

$$T_{el} = \frac{\sum L_A}{\sum R_A}\;, \quad T_A = \frac{J_{ges}\,R_A}{c_M^2} = \frac{J_{ges}\,2\pi n_{omax}}{M_{stmax}}$$

Das Führungsverhalten ist das eines Verzögerungsgliedes 2. Ordnung und deshalb auch durch die Dämpfung D_M und Motorkennkreisfrequenz ω_M charakterisiert (5.2)

$$D_M = \frac{1}{2}\sqrt{\frac{T_A}{T_{el}}}\;, \quad \omega_M = \frac{1}{\sqrt{T_{el}\cdot T_A}} \qquad (5.2)$$

Für $D_M = 1$ bzw. $T_A/T_{el} \geqq 4$ läßt sich die Übertragungsfunktion auch durch zwei PT1-Glieder mit den Zeitkonstanten

$$T_{1,2} = \frac{T_A}{2} \left(1 \pm \sqrt{1 - \frac{4\,T_{el}}{T_A}} \right) \qquad (5.3)$$

darstellen. In einer häufig verwendeten Näherung (z.B. in /5/ und /27/) werden die Zeitkonstanten nicht nach (5.3) bestimmt. sondern wie folgt gewählt:

$$T_1^* = T_A \qquad \text{und} \qquad T_2^* = T_{el}$$

Diese Annahme gilt streng genommen nur für $T_A/T_{el} \gg 4$, wie Bild 5.10 zeigt.

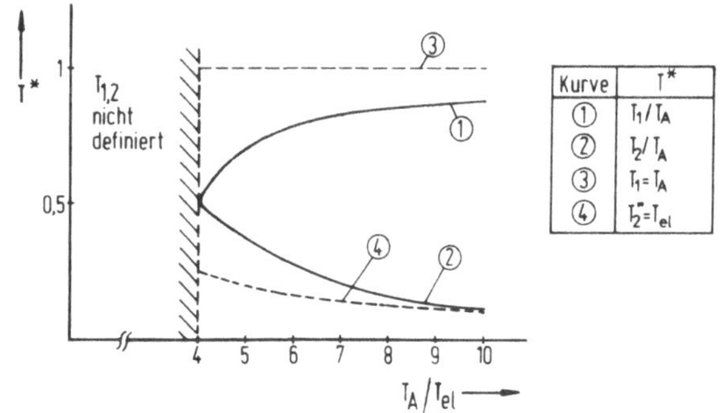

Bild 5.10: Ersatzzeitkonstante T_1 und T_2 in Abhängigkeit des Verhältnisses T_A/T_{el}

Bei der Mehrzahl der Vorschubmotoren liegt im Gegensatz zu den konventionellen Gleichstrommotoren das Verhältnis T_A/T_{el} in der Größenordnung zwischen 2 und 4. Auch Verhältnisse, in denen $T_{el} > T_A$ ist, sind zu finden. Für eine Beschreibung des Zeitverhaltens muß deshalb die allgemeine Form eines Schwingers nach (5.1) angesetzt werden.

Der Verstärker hat gegenüber dem Motor nahezu trägheitsloses Verhalten, ist jedoch mit einer Totzeit behaftet /10/.

Die Kombination Motor-Verstärker ist somit durch folgendes Blockschaltbild 5.11 beschreibbar. Hierin ist K_P die

Spannungsverstärkung des Antriebsverstärkers, die im folgenden bei der Verstärkung der Regler berücksichtigt ist.

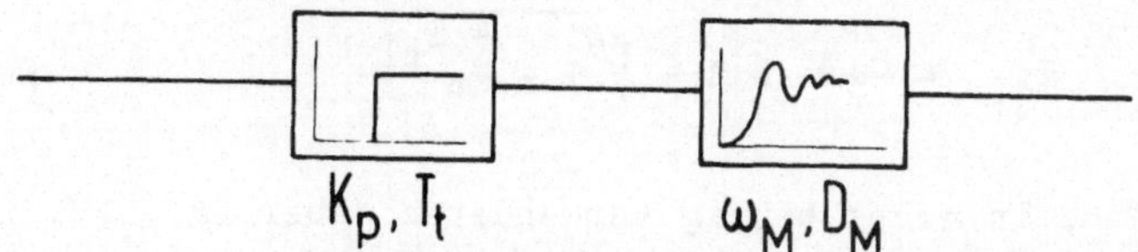

Bild 5.11: Blockschaltbild von Motor und Verstärker

5.3.1.2 Verhalten des drehzahlgeregelten Vorschubmotors

Zur Verbesserung des statischen und dynamischen Verhaltens der Vorschubmotoren werden im wesentlichen drei verschiedene Drehzahlregelstrukturen eingesetzt (siehe Bild 5.12).

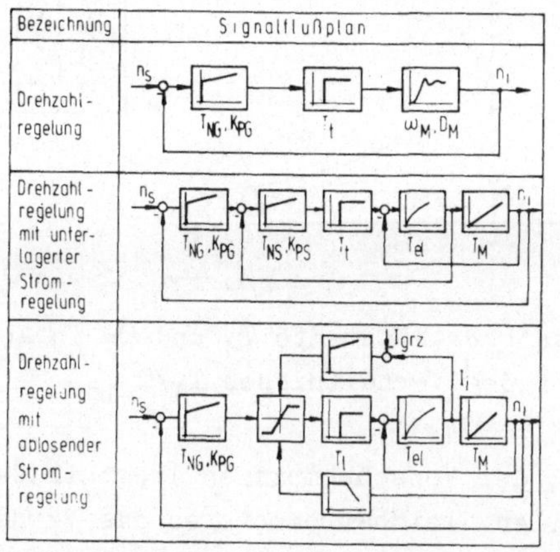

Bild 5.12: Signalflußpläne verschiedener Drehzahlregelstrukturen bei geregelten Vorschubmotoren

Die Führungs- und Störübertragungsfunktion stellt danach ein System mindestens 3. Ordnung dar. Die Umsetzung dieses Verhaltens in ein Rechenmodell wäre ohne weiteres möglich. Schwierigkeiten bereitet hier nur die Festlegung der Reglerparameter. Die Einstellung dieser Größen erfolgt mit wenigen

Ausnahmen bei der Inbetriebnahme der Werkzeugmaschine nach unterschiedlichen, praxisgerechten Optimiervorschriften. Dies bedeutet, daß sie vorab nicht bekannt sind und eine exakte Nachbildung nicht möglich ist.
Für die Entwicklung des Berechnungsmodells sind dann folgende Wege denkbar:

(1) Verwendung der Übertragungsfunktionen in der gezeigten Form und Einstellen der Regler nach einem noch festzulegenden Kriterium, das in etwa den verwendeten Optimiervorschriften entspricht.

(2) Annäherung des Verhaltens durch die in Kap. 4.2 verwendete Übertragungsfunktion (Schwinger mit Totzeit) und Bestimmung der neuen Kenngrößen (ω_{0A}, D_A, T_t) des Vorschubmotors.

Da beide Verfahren eine vergleichbare Näherung darstellen, Methode (2) aber weniger Rechenaufwand erfordert, wird diese Methode als Grundlage für das dynamische Modell verwendet. Ein weiterer Vorteil besteht darin, daß die zu bestimmenden Kenngrößen auch durch einfache Messungen ermittelbar sind und zum Teil schon vorliegen /5/.

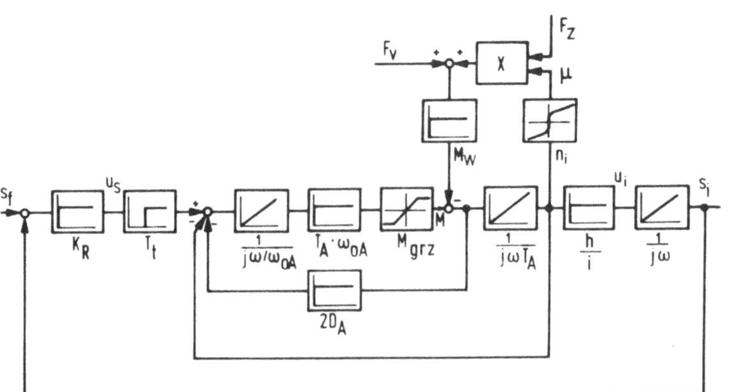

Bild 5.13: Blockschaltbild für das Rechenmodell eines Vorschubantriebs im Lageregelkreis

Um den Einfluß des Lastmomentes und der Strombegrenzung mit zu erfassen, wurde das Modell nach ② entsprechend verbessert. In Bild 5.13 ist das hierfür entwickelte Blockschaltbild des Vorschubantriebs innerhalb des übergeordneten Lageregelkreises abgebildet. Dieses ermöglicht die Nachbildung aller notwendigen Größen und stellt somit ein geeignetes Feinmodell dar.

5.3.2 Das Grobmodell

Nach der in Kap. 5.3 beschriebenen Methode sollen die hier zu entwickelnden Beziehungen auf einfachere Weise Auswahlfunktionen erfüllen. Geeignete Kennwerte für die Beschreibung des Verhaltens sind die bei Beschleunigungsvorgängen auftretenden Maximalwerte von

- Motordrehzahl n_{max}
- Motorspannung U_{Mmax}
- Motormoment M_{Bmax}
- Bahnabweichungen

Beziehungen für die letzte Kenngröße können aus /21/ und /22/ entnommen werden. Die restlichen Größen wurden mit Hilfe des Feinmodells nach Bild 5.13 entwickelt. Die Ergebnisse sind in Bild 5.14 und 5.15 dargestellt.

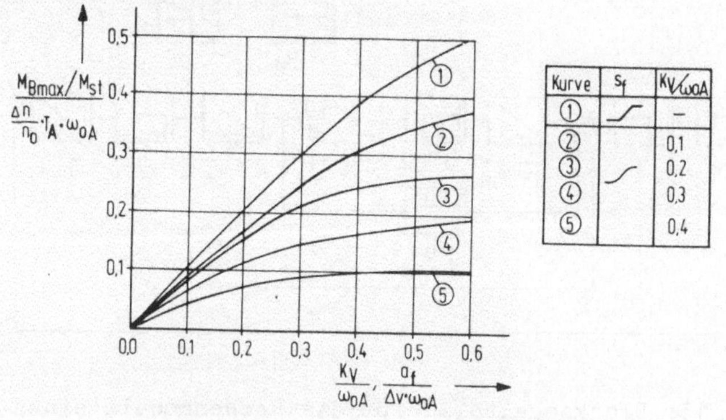

Bild 5.14: Maximales Beschleunigungsmoment bei verschiedenen Führungsgrößenverläufen

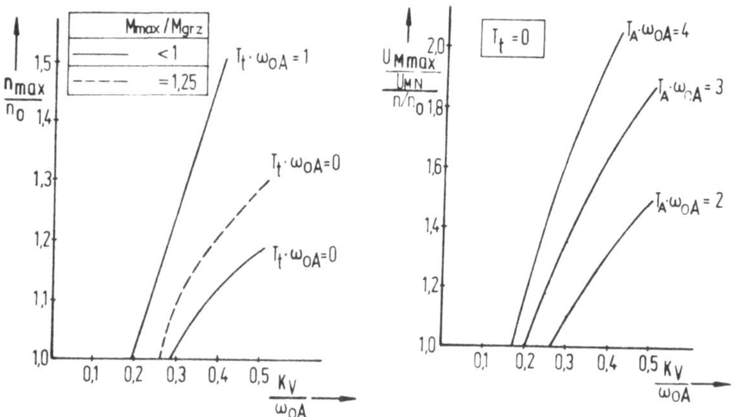

Bild 5.15: Maximale Drehzahl und Motorspannung bei Beschleunigungsvorgängen von Vorschubmotoren

Diese Beziehungen lassen sich durch geeignete Approximationen annähern. Die entsprechende Größe kann dann in Abhängigkeit der betrachteten Einflußgrößen leicht ermittelt werden. Ein Beispiel hierfür ist die Gleichung

$$\frac{M_{B\,max}}{M_{stmax}} = \frac{n}{n_o} \cdot T_A \cdot \omega_{oA} \cdot \frac{K_V}{\omega_{oA}} \qquad (5.4)$$

Sie stellt das bezogene Maximalmoment bei rampenförmiger Wegvorgabe nach Kurve (1) in Bild 5.15 dar.

5.3.3 Die Ermittlung der Kenngrößen für das dynamische Modell

Bei den hier zu ermittelnden Kenngrößen handelt es sich um die neu eingeführten Größen ω_{oA}, D_A und T_t, die den geregelten Vorschubmotor beschreiben. Da diese in der Regel von den Motorherstellern nicht angegeben werden, ist man gezwungen, sie aus den bekannten Kenngrößen (siehe Bild 5.1) zu bestimmen.

Die vorgeschlagenen Kennwerte stellen nicht nur geeignete Werte für die rechnerunterstützte Auslegung dar, sondern können generell zu einer besseren Vergleichsmöglichkeit des dynamischen Verhaltens herangezogen werden. Es bleibt deshalb auch hier zu hoffen, daß Angaben darüber in den Datenblättern zu finden sind. Ansätze hierfür sind vorhanden /18/.

Die Totzeit, als eine der Kenngrößen, kann auf einfache Weise mit der Pulszahl p des Verstärkers abgeschätzt werden /10/.

$$T_t \approx \frac{10}{p} \; [\mathrm{ms}]$$

Die Bestimmung der Kennkreisfrequenz ω_{oA} ist nicht mehr so einfach. Hierzu muß für alle drei möglichen Regelstrukturen (Bild 5.12) eine Regleroptimierung durchgeführt werden. Die Einstellregel (Gütekriterium) soll dabei so gewählt werden, daß die Dämpfung D_A im Bereich

$$0{,}45 < D_A < 0{,}6$$

liegt und die Kennkreisfrequenz ihr Maximum erreicht. Dadurch ist einerseits nach /13/ gewährleistet, daß der Einfluß der Dämpfung auf die Bahnabweichungen minimal wird und andererseits der Bezug zur Praxis hergestellt ist. Bei den praktischen Einstellregeln wird nämlich fast ausschließlich mit Hilfe von Übergangsfunktionen optimiert und dabei eine Überschwingweite ü

$$1{,}1 < ü < 1{,}2$$

gewählt. Aus der Übergangsfunktion des Schwingers mit Totzeit

$$\frac{n}{n_o} = \begin{cases} 1 - \dfrac{e^{-D_A \cdot \omega_{oA}(t-T_t)}}{\sqrt{1-D_A^2}} \sin\left(\sqrt{1-D_A^2}\cdot\omega_{oA}\cdot(t-T_t) + \arccos D_A\right) \\ 0 \quad \text{für} \quad t < T_t \end{cases}$$

kann die Dämpfung in Abhängigkeit von ü aus einer Extremwertbetrachtung abgeleitet werden.

$$D_A = \frac{\ln ü}{\sqrt{\pi^2 + \ln^2 ü}} \qquad (5.5)$$

Wird in diese Beziehung die maximale und minimale Überschwingweite eingesetzt, so führt dies zu einem Dämpfungsbereich, der mit dem oben gewählten übereinstimmt.

5.3.3.1 Bestimmung der Kennkreisfrequenz bei reiner Drehzahlregelung

Bei der reinen Drehzahlregelung wird ein PI-Regler verwendet, dessen Parameter (Nachstellzeitkonstante T_{NG}, Verstärkung K_{PG}) zu optimieren sind. Für den offenen bzw. geschlossenen Regelkreis ergeben sich aus Bild 5.12 die Übertragungsfunktionen zu

$$F_{Go}(p) = \frac{K_{PG}\,(1+T_{NG}\cdot p)\,e^{-T_t\cdot p}}{T_{NG}\,p(1+T_A\cdot p+T_A T_{el}\cdot p^2)} \qquad \text{oder}$$

$$F_{Go}(p) \approx \frac{K_{PG}\,(1+T_{NG}\cdot p)\,e^{-T_t\cdot p}}{T_{NG}\cdot p(1+T_1\cdot p)\,(1+T_2\cdot p)} \qquad \text{für} \quad T_A \geqq 4T_{el}$$

und

$$F_{Gw}(p) = \frac{(1+T_{NG}\cdot p)\,e^{-T_t\cdot p}}{e^{-T_t p} + e^{-T_t p}\left(\frac{K_{PG}+1}{K_{PG}}\right)T_{NG}\cdot p + \frac{T_A T_{NG}}{K_{PG}}\cdot p^2 + \frac{T_A T_{el} T_{NG}}{K_{PG}}\cdot p^3}$$

Bei Verhältnissen $T_A/T_{el} > 4$ bietet sich eine Einstellung nach /5/ an, in der T_{NG} gleich der größeren der Zeitkonstanten gewählt wird:

$$T_{NG} = T_1 \qquad \text{und} \qquad K_{PG} = \frac{T_1}{T_2} \quad \leadsto$$

$$F_{Gw}(p) = \frac{1}{1 + T_2\cdot p + T_2^2 p^2}$$

Das bedeutet, daß $D_A = 0{,}5$ wird und

$$\omega_{oA} = \frac{1}{T_2} = \frac{2}{T_A \left(1 - \sqrt{1 - \frac{4\,T_{el}}{T_A}}\right)} \qquad (5.6)$$

Nicht mehr so einfach ist eine Optimierung bei $T_A/T_{el} < 4$ und $T_t \geqq 0$. Dafür sind keine gängigen Einstellkriterien bekannt. Zur Lösung der Aufgabe wurde deshalb der Analog- bzw. Digitalrechner herangezogen. Durch die Ermittlung der Stabilitätsgrenzen (siehe Bild 5.16) bzw. Vorgabe einer Phasenreserve (nicht dargestellt) kann der Einstellbereich der Regelparameter eingeengt werden.

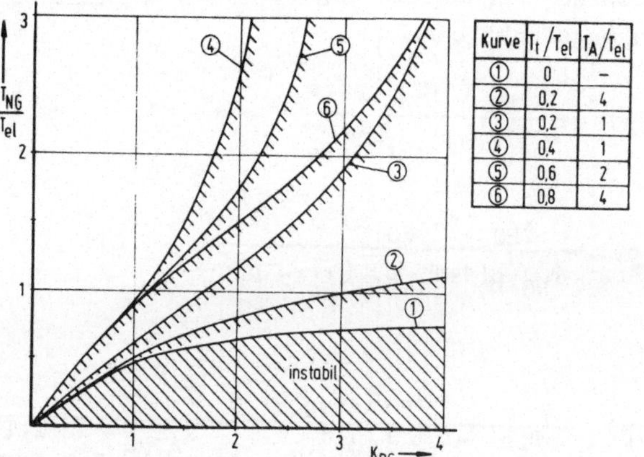

Kurve	T_t/T_{el}	T_A/T_{el}
①	0	–
②	0,2	4
③	0,2	1
④	0,4	1
⑤	0,6	2
⑥	0,8	4

Bild 5.16: Stabilitätsgrenzen des drehzahlgeregelten Vorschubmotors

Die Simulation des Übergangsverhaltens bei Variation der Parameter innerhalb dieser Grenzen gestattet dann unter Anwendung des Gütekriteriums eine Ermittlung der max. Kennkreisfrequenz.

Bei der Simulation hat sich gezeigt, daß mit abnehmendem Verhältnis T_A/T_{el}, d.h. mit fallender Dämpfung D_M, auch die Dämpfung des geregelten Motors geringer wird. Ungünstige

Verhältnisse ergeben sich besonders, wenn die elektrische Zeitkonstante größer als die mechanische ist. Eine Überschwingweite von 20 % gewährleistet in diesem Fall nicht mehr den Zusammenhang nach (5.5), da das Systemverhalten von dem eines Schwingers stark abweicht. Dies zeigt sich in einer langsamer abklingenden Schwingung (Bild 5.17).

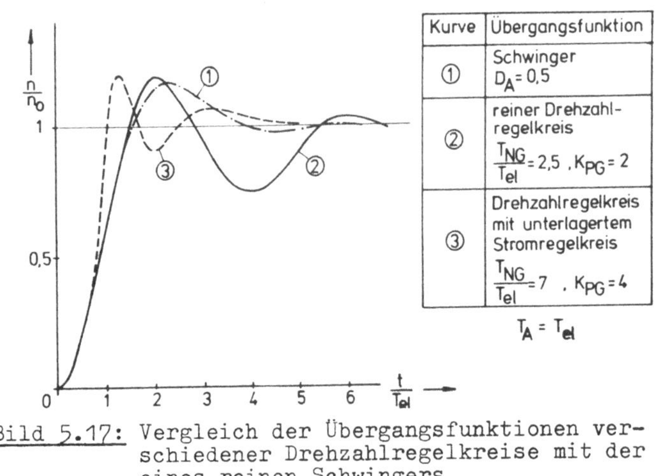

Bild 5.17: Vergleich der Übergangsfunktionen verschiedener Drehzahlregelkreise mit der eines reinen Schwingers

Eine Reduzierung der Überschwingweite bringt nur geringe Verbesserung, denn dadurch steigt die Anregelzeit beträchtlich. Als weiteres Gütekriterium wurde deshalb noch ein Grenzwert für die Amplitude der ersten Unterschwingung gewählt. Das Ergebnis der Optimierung ist in Bild 5.18 dargestellt. An zahlreichen Fällen aus der Praxis, bei denen ω_{0A} aus Messungen bekannt war, konnten die ermittelten Zusammenhänge mit guter Genauigkeit bestätigt werden.

Das Bild zeigt die starke Abhängigkeit von der wirksamen Totzeit. Zu beachten ist, daß bei kleinem T_A/T_{el} das maximal auftretende Verhältnis T_t/T_{el} nicht mehr so groß ist. Es gelten beim Einsatz von 3pulsigen Verstärkern ungefähr die Zuordnungen nach Bild 5.19.

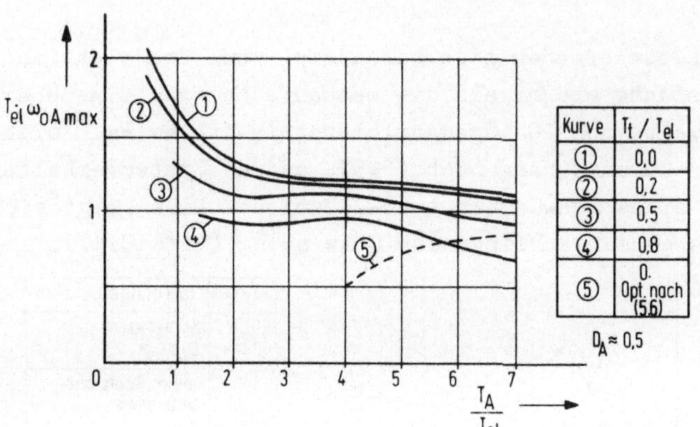

Bild 5.18: Maximale Kennkreisfrequenz von Vorschubmotoren aufgetragen als Produkt mit T_{el}

T_A / T_{el}	$(T_t$ / $T_{el})_{max}$
1	0,2
2	0,4
3	0,6
4	0,8 ... 1

Bild 5.19: Größenordnung der bezogenen Totzeit in Abhängigkeit von den Zeitkonstantenverhältnissen des Motors

Eine Näherung der in Bild 5.18 dargestellten Zusammenhänge, mit der die Kennkreisfrequenz abgeschätzt werden kann, stellt folgende Approximation dar:

$$(\omega_{oA} \cdot T_{el})_{max} = \frac{2 + \frac{T_{el}}{T_A}}{2 + \left(\frac{T_t}{T_{el}}\right)^2} \qquad (5.7)$$

5.3.3.2 Bestimmung der Kennkreisfrequenz bei unterlagertem Stromregelkreis

Bei Drehzahlregelkreisen mit unterlagertem Stromregelkreis ist die Optimierung wesentlich schwieriger, da zwei PI-Regler abzustimmen sind, die sich gegenseitig beeinflussen. Dies bedeutet auch in der Praxis einen sehr hohen Aufwand und ist ein Grund warum diese Regelstruktur bei Vorschubmotoren seltener eingesetzt wird. Eine Optimierung unter vereinfachenden Betrachtungen, etwa durch Weglassen der EMK-Schleife des Motors /10/, führt bei den vorliegenden Zeitkonstantenverhältnissen zu stark verfälschenden Ergebnissen. Ein schrittweises Vorgehen, in dem zuerst der Stromregelkreis für sich optimiert wird, ist deshalb sinnvoll. Hierfür wurde nach /29/ die Nachstellzeit T_{NS} des Stromreglers zu

$$T_{NS} = \frac{1}{\omega_M} = \sqrt{T_A \cdot T_{el}}$$

gewählt und K_{PS} nach den festgelegten Gütekriterien ermittelt. Dann ergeben sich im offenen Geschwindigkeitsregelkreis folgende Stabilitätsbedingungen (Bild 5.20).

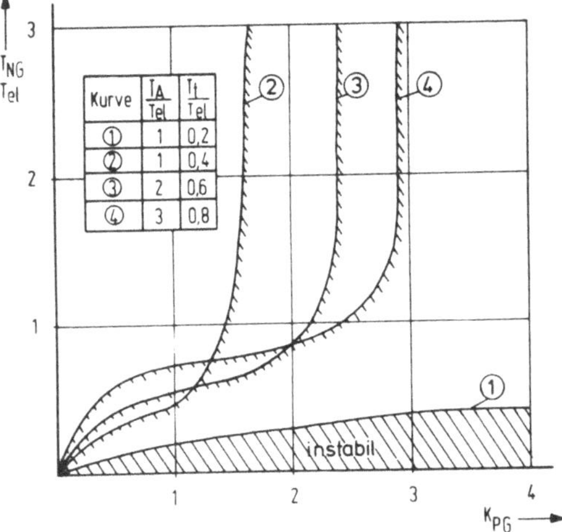

Kurve	$\frac{T_A}{T_{el}}$	$\frac{T_t}{T_{el}}$
①	1	0,2
②	1	0,4
③	2	0,6
④	3	0,8

Bild 5.20: Stabilitätsgrenzen des offenen Geschwindigkeitsregelkreises bei unterlagerter Stromregelung

Durch die Stromregelung kann eine Verbesserung der Dämpfung D_A erreicht werden, die sich besonders bei kleinen T_A/T_{el} positiv auswirkt. Bei diesen Verhältnissen ist auch eine Steigerung der Kennkreisfrequenz ω_{oA} möglich, wie

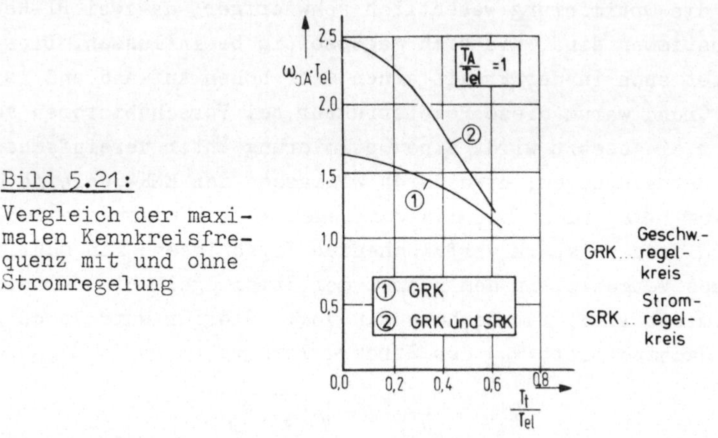

Bild 5.21: Vergleich der maximalen Kennkreisfrequenz mit und ohne Stromregelung

Bild 5.21 im Vergleich mit der reinen Geschwindigkeitsregelung bei $T_A = T_{el}$ dokumentiert.

5.3.3.3 Kennkreisfrequenz bei Strombegrenzung

Motoren und Verstärker werden sinnvollerweise vor Überströmen bzw. die mechanischen Teile vor zu großer Krafteinwirkung geschützt. Deshalb wird in irgendeiner Form eine Begrenzung, meist durch ablösende Stromregelung, angewendet. Arbeiten Motor und Verstärker unterhalb der Stromgrenze, so gilt das Verhalten gemäß Kap. 5.3.3.1. Wird die Grenze erreicht, so ändert sich das dynamische Verhalten des Motors. Durch die Begrenzung tritt eine Bandbreitenreduzierung ein /21/. Dies sollte bei Vorschubantrieben im Arbeitsbereich, d.h. bei Geschwindigkeiten bis etwa 2 m/min, vermieden werden, damit nicht zusätzliche Bahnabweichungen eintreten. Durch die in Kap. 5.3.2 entwickelten Beziehungen (Bild 5.15) ist man in der Lage das maximale Moment abzuschätzen. Bei rampenförmiger Wegvorgabe kann z.B. aus Gl. (5.4) durch Umformen und Erweitern mit T_{el} die Beziehung

$$\omega_{oA} \cdot T_{el} = \frac{\dfrac{M_{B\,max}}{M_{st\,max}}}{\dfrac{\Delta n}{n_o} \cdot \dfrac{T_A}{T_{el}} \cdot \dfrac{K_V}{\omega_{oA}}} \tag{5.8}$$

hergeleitet werden.
Wird hier für $M_{Bmax} = M_{grz}$ und $K_V/\omega_{oA} = (K_V/\omega_{oA})$ opt (siehe Bild 4.14) eingesetzt, so stellt ω_{oA} den gesuchten Grenzwert dar, bei dem die Stromgrenze erreicht wird. Es gilt dann

$$(\omega_{oA} \cdot T_{el})_{grz} = \frac{K_{grz}}{\dfrac{T_A}{T_{el}}}$$

$$\text{mit } K_{grz} = \frac{M_{grz}}{M_{stmax}} \; \frac{1}{\dfrac{\Delta n}{n_o} \cdot \left(\dfrac{K_V}{\omega_{oA}}\right)_{opt}}$$

Bei gegebenen Verhältnissen von

$$0{,}1 < \frac{M_{Bmax}}{M_{st}} < 0{,}4 \quad , \quad \left.\frac{n}{n_o}\right|_{max} \approx \left.\frac{u}{u_{eil}}\right|_{max} = 0{,}3 \quad , \quad \left.\frac{K_V}{\omega_{oA}}\right|_{opt} = 0{,}3$$

ergibt sich eine Größenordnung von $1 \leqq K_{grz} \leqq 4$.

In Bild 5.22 ist Gl. (5.8) zusammen mit der maximalen Kennkreisfrequenz nach Bild 5.18 für $T_t = 0$ aufgetragen.
Hier erkennt man, daß bei steigendem T_A/T_{el} ab dem Schnittpunkt von ω_{oAmax} und ω_{oAgrz}, die maximale verfügbare Kennkreisfrequenz durch ω_{oAgrz} bestimmt wird und wesentlich stärker fällt als ω_{oAmax}.

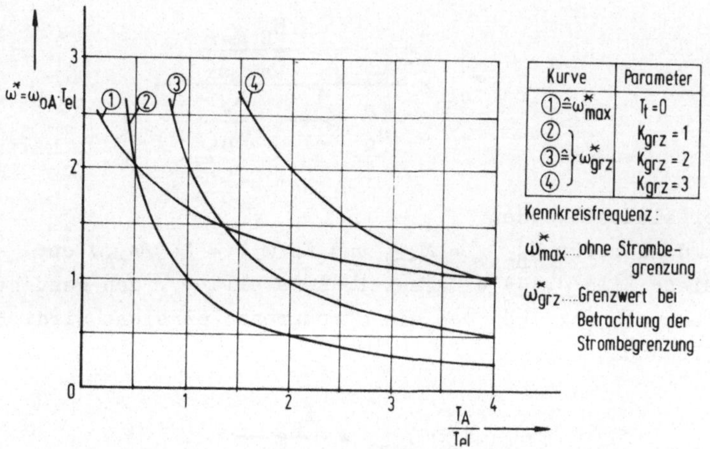

Bild 5.22: Vergleich der maximalen Kennkreisfrequenzen mit und ohne Strombegrenzung

5.3.4 Einflüsse der mechanischen Übertragungsglieder auf das Rechenmodell

5.3.4.1 Bedingungen für das Übertragungsverhalten

In der bisherigen Betrachtungsweise setzt das Rechenmodell (siehe Bild 5.13) ideales Übertragungsverhalten bei den mechanischen Bauteilen voraus. Jedoch auch dieses System besitzt, aufgrund träger Massen und endlicher Steifigkeiten, nur eine begrenzte Bandbreite. Wird dies berücksichtigt, so verhält sich die Mechanik analog zum Vorschubmotor wie ein Schwinger /9/ mit der Kennkreisfrequenz ω_{omech} und der Dämpfung D_{mech}. Bedingt durch eine Belastungsrückwirkung besteht dann auch eine beeinflussende Wirkung auf die Dynamik des Motors (Bild 5.23).

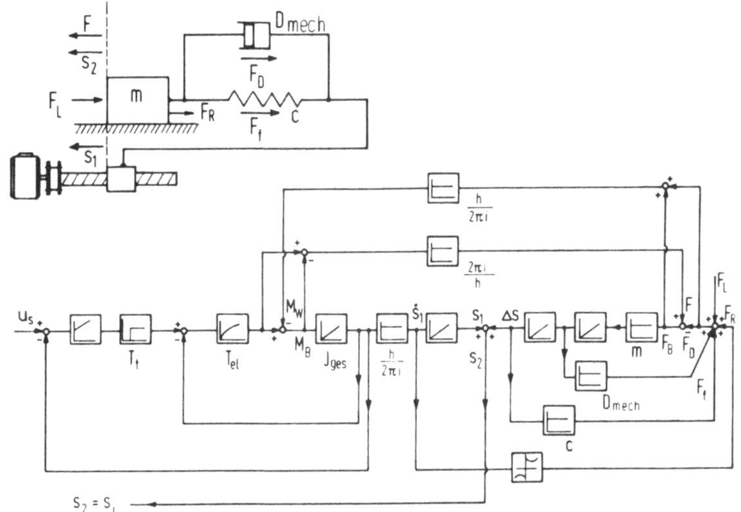

Bild 5.23: Darstellung eines Vorschubantriebs mit schwingungsfähigen mechanischen Übertragungsgliedern

Damit die hochdynamischen Eigenschaften des Vorschubmotors nicht eingebüßt werden, werden nach /5/ an ω_{omech} und D_{mech} folgende Forderungen gestellt:

$$\omega^* = \frac{\omega_{omech}}{\omega_{oA}} \geqq 1{,}5$$

und $\quad D_{mech} > 0{,}08 \quad$,wenn $D_A = 0{,}5$ und $\omega^* < 2$

Jedoch kann D_{mech} auch kleiner sein, wenn $\omega^* > 2$ ist. Werden diese Forderungen durch eine entsprechende Dimensionierung gewährleistet, so kann im Rechenmodell das Übertragungsverhalten der mechanischen Bauteile, gemäß dieses Ansatzes, als ideal angenommen werden. Durch die Anwendung einer rechnerunterstützten Auslegung der mechanischen Übertragungsglieder nach /7/ und /8/, die hier vorausgesetzt wird (siehe Kap. 7), kann dies als erfüllt betrachtet werden. Deshalb wird auf eine entsprechende Erweiterung des Modells verzichtet.

5.3.4.2 Einfluß des Massenträgheitsmomentes auf die Kennkreisfrequenz

Die ermittelten Beziehungen für die Kennkreisfrequenz ω_{oA} in Kap. 5.3.3 zeigen, daß mit wachsenden Antriebszeitkonstanten T_A und somit nach

$$T_A = \frac{R_A}{c_M^2} J_{ges} = \frac{R_A}{c_M^2} (J_M + J_{mech}) = T_M (1 + \frac{J_{mech}}{J_M})$$

mit wachsendem Massenträgheitsmoment J_{mech} der mechanischen Bauteile diese Kenngröße sinkt. Da der Wert von ω_{oA} entscheidend für das dynamische Verhalten ist, muß das Verhältnis J_{mech}/J_M so klein wie möglich gehalten werden. Dies wird zum einen durch ein hohes Motorträgheitsmoment erreicht und zum anderen durch minimale Trägheitsmomente der mechanischen Bauteile. Der erste Faktor ist wegen steigender Motorbaugröße und geringerer Wirtschaftlichkeit (Preis, Auslastung) nach oben begrenzt und der zweite Faktor durch die notwendigen Abmessungen nach unten. Deshalb ist die Minimierung des Massenträgheitsmomentes anzustreben.
Beim Spindeldirektantrieb ist

$$J_{mech} = J_S + J_T$$

wobei das Massenträgheitsmoment der Gewindespindel J_S nach (3.10) und das des Tisches nach (3.11) ermittelt werden kann.
Der Anteil der Spindel überwiegt hier $\left[J_T \approx (\frac{1}{7} \cdots \frac{1}{3}) \cdot J_S \right]$, so daß vor allem auf geringste Spindeldurchmesser geachtet werden sollte. Die Grenze ist durch die Knickfestigkeit gegeben.
Durch den Einsatz eines Getriebes ist außer der Reduzierung der Momente in manchen Fällen eine Herabsetzung des Massenträgheitsmomentes möglich. Es gilt hier

$$J_{mech} = J_G + \frac{J_S + J_T}{i^2} \qquad (5.9)$$

Bei der Betrachtung darf der Eigenanteil J_G des Getriebes nicht vernachlässigt werden. Da das Getriebeträgheitsmoment in der Auslegungsphase unbekannt ist, muß hierfür eine Abschätzung gemacht werden. Aus diesem Grund wurden in Abhängigkeit des Übersetzungsverhältnisses i und des zu übertragenden Nennmomentes des Motors die Parameter des Getriebes so gewählt, daß es ausreichend dimensioniert ist /30/ und ein minimales Trägheitsmoment besitzt.
Als Ergebnis dieser Untersuchung ergab sich die Beziehung

$$J_G \approx \underbrace{1{,}5 \cdot 10^{-6} \cdot M_N^{\frac{5}{3}}}_{J_G^*} (1 + i^{1{,}5}) \qquad (5.10)$$

(mit J in kgm^2 und M in Nm) die in Bild 5.24 als Nomogramm wiedergegeben ist.

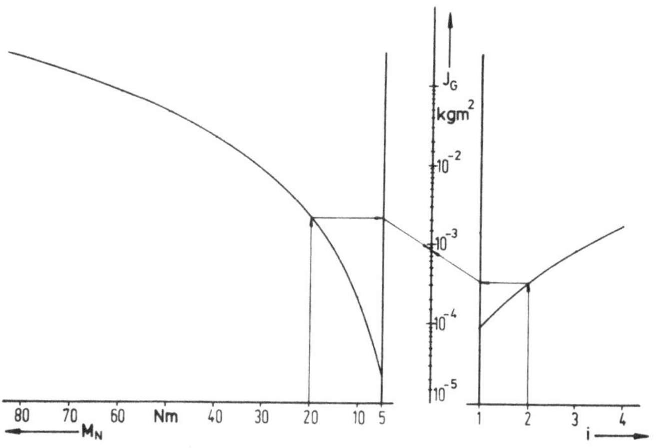

Bild 5.24: Nomogramm zur Abschätzung des Massenträgheitsmomentes von einstufigen Vorschubgetrieben

Aus (5.9) und (5.10) läßt sich eine optimale Getriebeübersetzung i_{opt} errechnen (siehe Bild 5.25), bei der J_{mech} ein Minimum und ω_{oA} ein Maximum wird. Außer diesem dynamischen Gesichtspunkt, aus dessen Sicht diese Getriebeübersetzung (sie sei hier mit i_3 bezeichnet) wünschenswert wäre, gibt es weitere Kriterien,die bei einer Festlegung der Übersetzung i zu beachten sind.

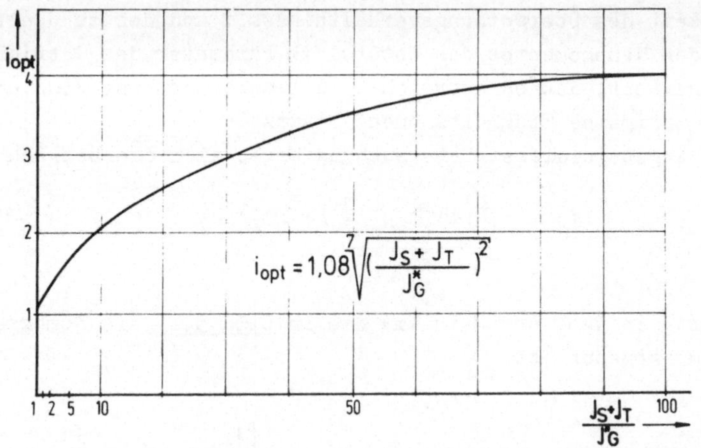

Bild 5.25: Optimales Getriebeübersetzungsverhältnis nach dynamischen Gesichtspunkten

Dies ist zum einen die Drehzahlanpassung und zum anderen die Anpassung des Momentes. Sie fordern eine Übersetzung

$$i_1 \leqq \frac{n_{omax} \cdot h}{u_{eil}}$$

bzw.

$$i_2 \geqq \frac{M_{eff}}{M_N}$$

Die Festlegung der Übersetzung i erfolgt dann in folgender Weise:

$$i = i_3 \quad , \text{ wenn } \quad i_2 < i_3 < i_1$$

$$i = i_1 \quad , \text{ wenn } \quad i_3 > i_1$$

$$i = i_2 \quad , \text{ wenn } \quad i_3 < i_2$$

Dabei muß die Voraussetzung $i_1 > i_2$ erfüllt sein, da sonst der Motor für die gestellten Anforderungen ungeeignet ist.

Neben der Getriebeübersetzung hat auch die Spindelsteigung h einen Einfluß auf das Trägheitsmoment und somit auf ω_{oAmax}. Die Kennkreisfrequenz ist umso größer, je kleiner die Spindelsteigung ist.
Ein Extremwert von h, wie er z.B. bei der Maximierung der Tischbeschleunigung

$$a_T = \frac{M_{max}}{2 \cdot \pi} \, \frac{h}{i} \, \frac{1}{J_M + J_{mech}}$$

gefunden wird /9/, tritt nicht auf. D.h. maximale Tischbeschleunigung gewährleistet nicht maximale Kennkreisfrequenz und ist somit ein weniger geeignetes Kriterium zur Festlegung des optimalen dynamischen Verhaltens.

5.4 Verhaltensprüfungen und Auswahl

Nachdem geeignete Rechenmodelle aufgestellt sind, gilt es noch die notwendigen Verhaltensprüfungen in sinnvoller Reihenfolge zu einem Auswahlvorgang zu verknüpfen. Dabei muß nach Bild 5.3 beachtet werden, daß die Möglichkeit besteht, Einflußgrößen innerhalb vorgegebener Grenzen zu ändern, um dadurch ein optimales Verhalten zu erzielen. Unter den Einflußgrößen, die hierfür in Betracht kommen, muß unterschieden werden zwischen:

- Größen, die unabhängig von der Dimensionierung der mechanischen Übertragungsglieder sind

und

- solchen, die bei der Dimensionierung dieser Bauteile festzulegen sind.

Für die erste Form eignet sich eine interne Optimierung innerhalb des hier zu bestimmenden Auswahlprogramms (siehe Bild 5.26).

Die anderen Größen müssen extern geändert werden. Dies erfolgt entweder direkt über den Konstrukteur oder durch entsprechende Programme zur Auslegung der mech. Glieder (siehe dazu Kap. 7).

Für eine interne Optimierung im vorliegenden Fall eignen sich folgende Größen:

- Getriebeübersetzung i
- Geschwindigkeitsverstärkung K_V

Beispiele für extern zu optimierende Einflußgrößen sind Spindelsteigung, Spindeldurchmesser und Größen, die die Reibverhältnisse der Führungen beschreiben.

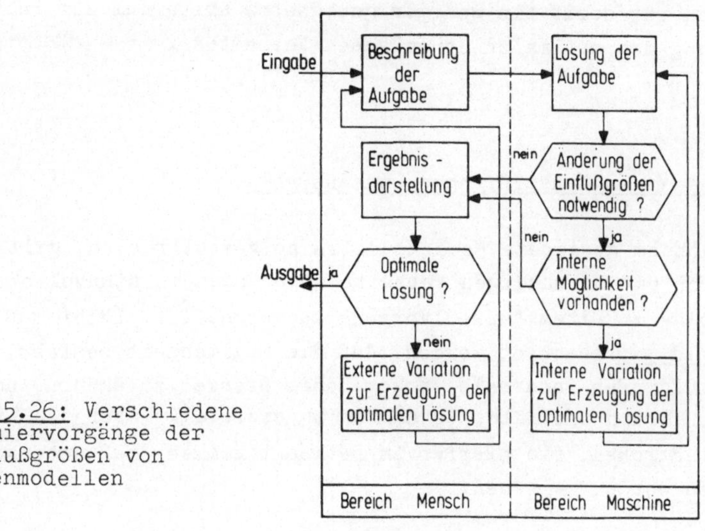

Bild 5.26: Verschiedene Optimiervorgänge der Einflußgrößen von Rechenmodellen

Bei der Wahl der Reihenfolge von Berechnungen, Verhaltensweisen und Auswahlentscheidungen müssen dann folgende Faktoren beachtet werden

- Rechenaufwand
- Iterationsvorgänge zur Bestimmung von i und K_V
- Rechenvorgänge, die auf Ergebnisse anderer Berechnungen zurückgreifen.

Unter Beachtung dieser Faktoren, wurde der Auswahlvorgang nach Bild 5.27 gewählt. Durch die Festlegung der Getriebeübersetzung mit Hilfe des Grobmodells kann vermieden werden, daß dieser Iterationsvorgang den zur Bestimmung der Geschwindigkeitsverstärkung beeinflußt. Die Berechnung der Erwärmung wurde an das Ende des Auswahlvorganges gelegt, da sowohl i als auch K_V einen großen Einfluß darauf haben und deshalb vorher bestimmt wurden.

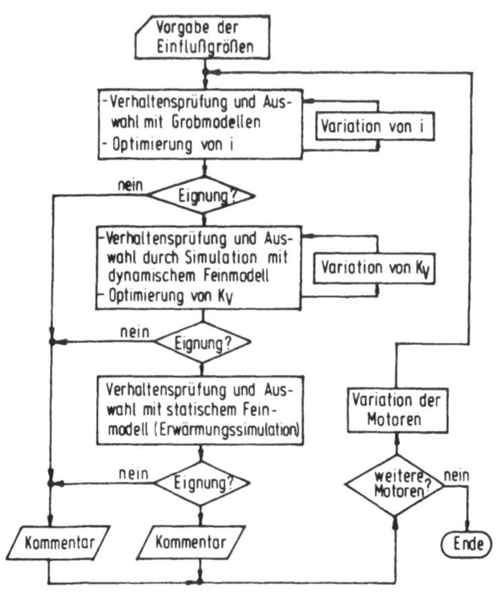

Bild 5.27: Vereinfacht dargestellter Auswahlvorgang von Vorschubmotoren

5.5 Zusammenfassung

Mit den entwickelten Rechenmodellen zur Nachbildung des thermischen und dynamischen Verhaltens von Vorschubmotoren einerseits und dem aufgestellten Prinzip zur Auswahl dieser Motoren andererseits, ist es möglich, ein Digitalrechenprogramm zu erstellen, das ihre Auslegung gestattet.
Zur Nachbildung der interessierenden Verhaltensweisen werden dabei zum Teil Kenngrößen verwendet, die derzeit nicht in Datenblättern angegeben sind. Aufgrund der aufgezeigten Abschätzverfahren dieser Größen aus bekannten Werten, kann die Realisierung der Modelle erfolgen. In Zukunft sollten die Motorhersteller bemüht sein, die notwendigen Kenngrößen zur Verfügung zu stellen.

6 Das realisierte Programmiersystem

Auf der Grundlage der entwickelten Rechenmodelle entstand unter dem Namen REKONE (Rechnerunterstützte Konstruktion geregelter elektrischer Vorschubantriebe) am Institut für Steuerungstechnik der Werkzeugmaschinen und Fertigungseinrichtungen der Universität Stuttgart ein Programmiersystem, das die Auslegung von Vorschubmotoren ermöglicht.
Bei der Gestaltung dieses Programmiersystems zu einem leistungsfähigen Hilfsmittel für den Anwender waren im wesentlichen die Punkte

- Eingabeform
- Modellrealisierung
- Aufbau des gesamten Programmiersystems

zu klären.
Ausgehend von der Analyse möglicher Lösungsvarianten, werden im folgenden Gesichtspunkte aufgeführt, die in den ersten beiden Punkten zu einer geeigneten Lösung beitrugen. Zur Beurteilung der Leistungsfähigkeit des Programmiersystems wird neben der Beschreibung des Programmaufbaus auch ein Vergleich mit der konventionellen Auslegungsmethode durchgeführt.

6.1 Gestaltung der Eingabe

Der Anwender eines Rechenprogrammes hat lediglich noch die Aufgaben

- der Datenfestlegung
- der Dateneingabe
- der Beurteilung der Ergebnisse

zu erfüllen. Um den Kontakt mit dem Programm, der insbesondere bei der Dateneingabe besteht, möglichst effektiv zu gestalten, muß eine dem Problem angepasste Eingabeform gewählt werden.
In Bild 6.1 sind für die möglichen Eingabeformen Vor- und

Nachteile gegenübergestellt, sowie geeignete Einsatzfälle aufgeführt. Anhand dieser Aufstellung kann die jeweils geeignete Eingabeform für die in Kap. 5 eingeführten

① Einflußgrößen
② Kenngrößen des Vorschubmotors

gefunden werden.

Eingabeform	Formatgebunden	Formatfrei	Menue
Eingabemedium	Lochkarte oder Bildschirm	Lochkarte oder Bildschirm	Bildschirm
Vorteile	Wenig Programmaufwand	Gute Handhabung Wenig Eingabefehler	Problemlose Handhabung Keine Eingabefehler
Nachteile	Schlechte Handhabung Fehlerträchtig	Hoher Programm- und Verarbeitungsaufwand Erlernen der Sprache	Hoher Hard- und Softwareaufwand
Einsatzbeispiele	Geringe Datenmenge Große, wenig strukturierte Datenmenge Einmalig einzugebende Daten (Dateierstellung)	Häufige Anwendungen mit schwierig beschreibbarer Eingabe	Schwierig beschreibbare Aufgaben mit vielen Entscheidungsvarianten

Bild 6.1: Kriterien für die Auswahl der geeigneten Eingabeform von Digitalrechenprogrammen

Bei den Einflußgrößen ① sind dabei zu unterscheiden zwischen Daten zur Beschreibung der

- mech. Übertragungsglieder und
- der Anforderungen

Für die mech. Übertragungsglieder liegen die Parameter zur Beschreibung bereits fest (siehe Bild 4.3). Bei den Anforderungen müssen dagegen die zur Belastungsbeschreibung geeigneten Werte bestimmt werden. Es sind hierfür die in Bild 6.2 gezeigten Möglichkeiten denkbar.

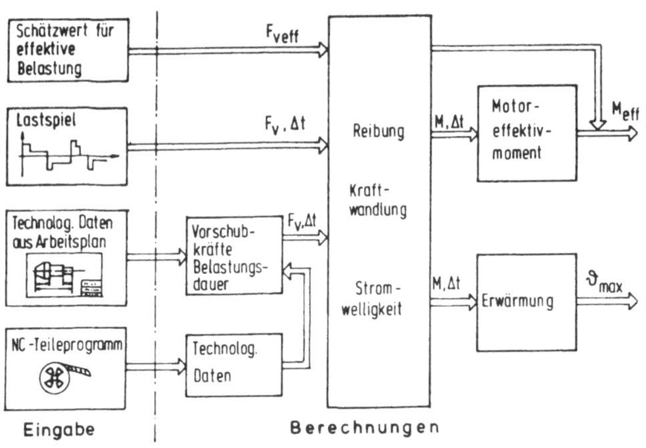

Bild 6.2: Eingabemöglichkeiten und Berechnungsverfahren zur Bestimmung der statischen Belastung

Für die Grobauswahl wird der Schätzwert der effektiven Vorschubkraft benötigt. Das Lastspiel, mit dem die Erwärmungsberechnung erfolgt, kann entweder durch die Vorschubkraft F_v und die Belastungsdauer t_B direkt beschrieben werden, oder durch die technologischen Daten:

- Start- und Endpunkt der Bearbeitung
- Bearbeitungsart (Fräsen, Drehen, ...)
- Zerspanbedingungen (Vorschub, Schnittiefe, ...)
- Werkzeugdaten (Durchmesser, Spanwinkel, ...).

Die technologischen Daten können aus Arbeitsplänen oder NC-Teileprogrammen entnommen werden.
Da im allgemeinen für die direkte Eingabe (F_v, t_B) die Daten nur als grobe Schätzwerte zur Verfügung stehen und auf die Daten aus NC-Teileprogrammen kein einheitlicher Zugriff besteht, wird die Eingabe über Arbeitsplan-Daten gewählt. Mit dieser Beschreibungsart können auch die Bahnkurven eingegeben werden, die zur Nachbildung der Bahnabweichungen notwendig sind.
Es eignen sich dann für die gewählte Beschreibungsart, die mit der bei NC-Teileprogrammen vergleichbar ist /32/, ent-

weder eine formatfreie oder eine Menueeingabe. Von diesen beiden Eingabeformen ist die Menueeingabe, die über Bildschirm erfolgt, der Arbeitsweise des Konstrukteurs am besten angepasst. Da jedoch nicht immer ein entsprechendes Eingabegerät zur Verfügung steht, werden im realisierten System beide Eingabeformen alternativ angeboten. Ein Beispiel der formatfreien Eingabe ist in Bild 6.3 und im Anhang zu sehen.

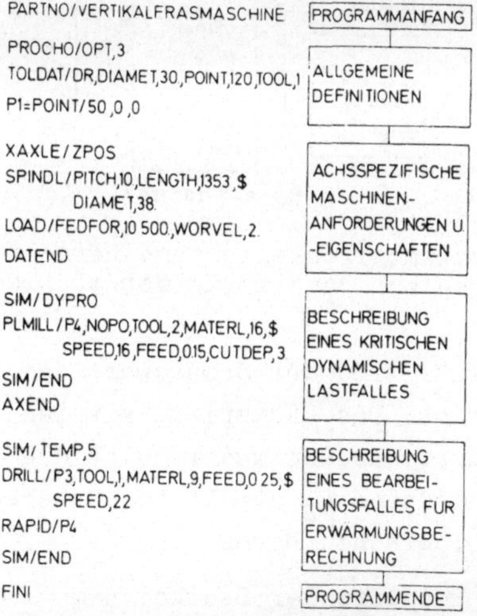

Bild 6.3: Eingabebeispiel zum Programmiersystem REKONE

Die Eingabeform der Motorkenndaten ② wurde formatgebunden gewählt. Der Grund liegt darin, daß eine formatfreie Form bei großer Anzahl notwendiger Sprachworte und nur seltener Anwendung, wie es in diesem Fall zutrifft, zu unhandlich ist.

6.2 Realisierung des Rechenmodells

Realisierung bedeutet Umsetzung des Modells in eine algorithmierbare Form, die in einer Programmiersprache darstellbar ist. Diese Umsetzung erfolgt am besten mit Zwischenschritten über Flußdiagramme. Diese enthalten außer den rein mathematischen Operationen auch den notwendigen logischen Ablauf, wie

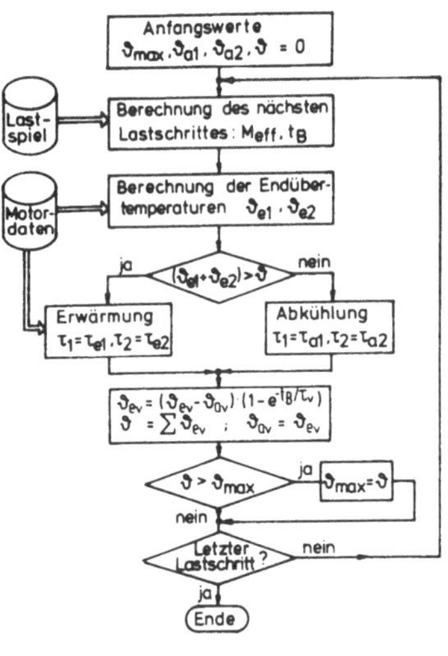

Bild 6.4: Flußdiagramm des Erwärmungsmodells

dies am Beispiel des statischen Modells zur Erwärmungsberechnung sichtbar ist (Bild 6.4).
Die Umsetzung der hier aufgeführten mathematischen Beziehungen kann direkt geschehen. Anders ist es bei der Realisierung des dynamischen Modells, das nach Bild 5.13 erst in abstrahierter Form vorliegt. Dieses Modell entspricht mathematisch gesehen einem nichtlinearen Differentialgleichungssystem. Dessen Lösung erfolgt blockweise mittels eines numerischen Integrationsverfahrens. Eine geschlossene Lösung mit Hilfe der Laplace-Transformation scheidet wegen der nichtlinearen Einflüsse von Last und Strombegrezung aus. Aus der Vielzahl der numerischen Integrationsverfahren ist dasjenige auszuwählen, das die Gewinnung einer Lösung bestimmter Genauigkeit bei möglichst geringem Rechenaufwand gewährleistet. Da jedoch die Genauigkeit nicht nur von der Art des Verfahrens, sondern auch in starkem Maße von der Schrittweite abhängt, und da nicht allein der Rechenaufwand je Schritt, sondern der gesamte Rechenaufwand im überstrichenen Integrationszeitbereich zählt, sind die Fragen

nach Genauigkeit und Rechenaufwand eng miteinander verflochten. In /33/ wurden diesbezüglich gängige Verfahren miteinander verglichen. Hiernach sind einige Prädiktor-Korrektor-Verfahren und das Runge-Kutta-Verfahren 4. Ordnung (RK-4) die leistungsfähigsten und häufig für Simulationssysteme eingesetzt. Die Prädiktor-Korrektor-Verfahren erfordern jedoch beim Start aus stationären Betriebspunkten eine zusätzliche Anlaufrechnung z.B. mit RK-4. Wegen dieses zusätzlichen Aufwandes sind sie für die anfallende Aufgabe weniger geeignet. Demgegenüber zeigt ein neueres Verfahren,

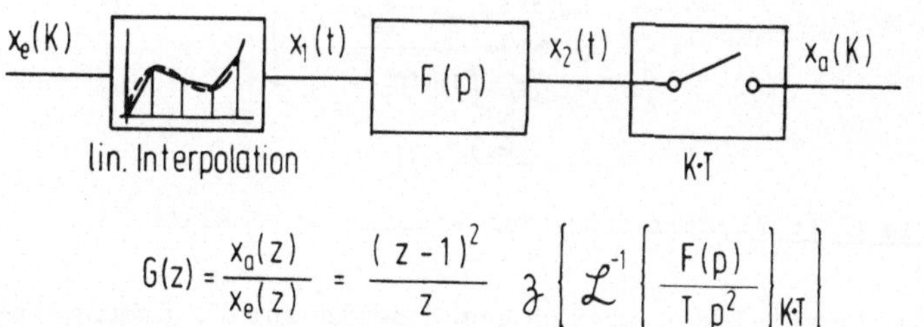

Bild 6.5: Bildung der z-Übertragungsfunktion für die digitale Simmulation eines linearen Übertragungsgliedes

das aus der Theorie diskreter Regelsysteme abgeleitet ist, gute Eigenschaften. Hier wird für die linear interpolierte Eingangspunktfolge das lineare Übertragungsglied F (p) mit zusätzlicher Abtastung zu den Zeitpunkten K·T die z-Übertragungsfunktion G (z) gebildet (siehe Bild 6.5).
Aus der zeitdiskreten z-Übertragungsfunktion läßt sich die gesuchte Ausgangspunktfolge $x_a(K)$ mittels eines einfachen iterativen Rechenmodells zur digitalen Simulation (Bild 6.6) errechnen. Dieses stellt das genaue Übertragungsverhalten von F(p) für die vorgegebene interpolierte Eingangsfunktion dar und ist somit jedem anderen Verfahren in Genauigkeit überlegen. Auch der Aufwand ist wesentlich geringer wie z.B. für das RK-4-Verfahren. Dieses geht aus Bild 6.7 hervor. Bei RK-4 muß zusätzlich noch ein Aufwand bei der Bildung der

Ableitungen $\dot{x}_{a\nu}$ an den Zwischenpunkten $x_{a\nu}$ berücksichtigt werden.

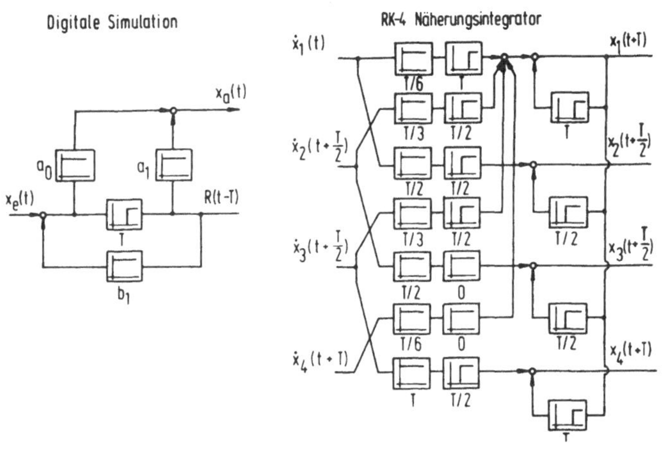

Bild 6.6: Verschiedene Rechenmodelle für die numerische Integration

Fehler treten jedoch bei dem Verfahren mit der z-Übertragungsfunktion auf, wenn die Eingangsfolge nicht linear interpoliert werden kann. Dies ist bei einem unstetigen Verlauf, also bei sprungförmigen Eingangssignalen der Fall. Vergleicht man bei dieser Voraussetzung die beiden Verfahren miteinander (Bild 6.7), so zeigt sich hier das RK-4 dann überlegen, wenn beide mit konstanter Schrittweite arbeiten. Wählt man jedoch eine variable Schrittweite (sehr kleine Anfangsschrittweite und dann Übergang zu normaler, konstanter Schrittweite), so können auch in diesem Fall bessere Ergebnisse erzielt werden. Die geforderte Fehlergenauigkeit δ

$$\delta \approx \frac{\Delta s}{s} = \frac{0.001 \text{ mm}}{100 \text{ mm}} = 10^{-5}$$

für die Berechnung des Wegverlaufs kann mit der entsprechenden Anfangsschrittweite jederzeit erreicht werden.

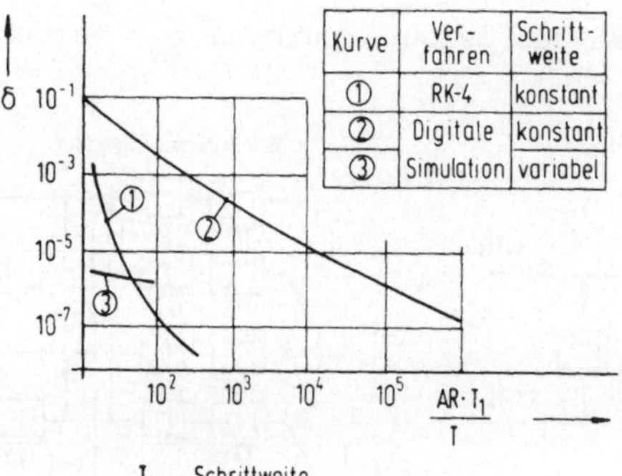

Bild 6.7: Vergleich des relativen Abbrechfehlers in Abhängigkeit vom Rechenaufwand bei zwei Integrationsverfahren

6.3 Beschreibung des Gesamtaufbaus

Den Gesamtaufbau des Programmiersystems REKONE zeigt Bild 6.8. Der modulare Aufbau ermöglicht eine Implementierung auch auf Rechnern mit geringer Arbeitsspeicherkapazität (≧ 32 KWorte). Außer Motor und Verstärker können auch die elektrischen Bauelemente Transformator, Schütz, Sicherung und Drosseln des Leistungskreises ausgewählt werden. Die Eignungsprüfungen anhand der aufgeführten Kriterien werden in einem gesonderten Auswahlsteuerprogramm (Bild 6.8) durchgeführt. Hier erfolgt auch die Variation der Bauelemente. Auf die notwendigen Elementdaten hat man wahlfreien Zugriff über eine Schlüsselzahl. Der Dateizugriff kann auch direkt über die Eingabe und das selbständige Dateisteuerprogramm vorgenommen werden. Diese Möglichkeit dient zur Änderung, Suche und Auflistung der Elemente.

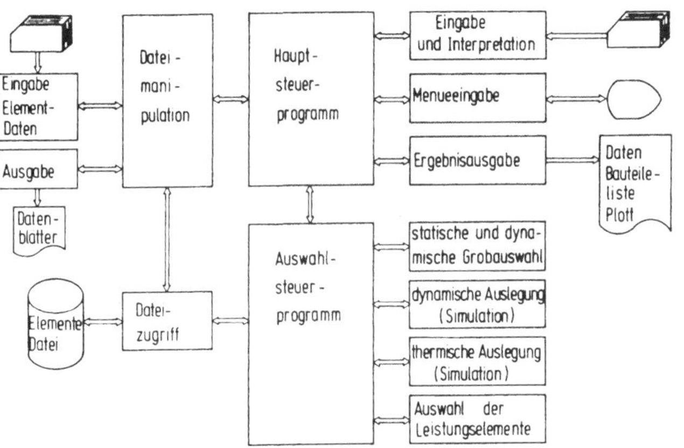

Bild 6.8: Struktur des Programmiersystems REKONE

6.4 Vergleich mit der konventionellen Auslegungsmethode

Ein Vergleich der konventionellen Auslegungsmethode mit der rechnerunterstützten kann in technischer und wirtschaftlicher Hinsicht erfolgen. Die technischen Vorteile der rechnerunterstützten Lösung wie z.B.

- genauere Ergebnisse
- treffsichere Auswahl
- optimale Anpassung
- mehrere Alternativen
- weniger Fehler
- bessere Dokumentation

konnte anhand mehrerer Beispiele /31, 34/ nachgewiesen werden (siehe dazu auch Beispiel im Anhang). Diesen stehen etwas größere Aufwendungen für die Datenaufbereitung (Eingabesprache, Antriebsdatei) gegenüber.
Der wirtschaftliche Nutzeffekt kann durch eine Kostenaufwandsrechnung geprüft werden. Die Aufstellung des Zeitauf-

wandes für die Auswahlrechnung und den dabei anfallenden Rechenkosten läßt in etwa einen Vergleich zu. Unter Verwendung des Programmiersystems REKONE ergibt sich für die Auslegung der Antriebe einer 3 Achsen umfassenden Werkzeugmaschine folgende Aufwandsverteilung

Festlegung der Anforderung und Erfassen der Einflußgrößen	ca. 45 min
Datenaufbereitung (Umsetzen in Programmiersprache und Ablochen)	ca. 30 min
Rechenzeitkosten (je nach Anlage)	ca. DM (30...50)

Der Zeitanteil bei der konventionellen Auslegung ist nicht genau faßbar. Er hängt stark von der verwendeten Auslegungsmethode ab. Bei Umrechnung der Rechenzeitkosten in eine äquivalente Arbeitszeit stehen insgesamt etwa 150 min zur Verfügung, um gleiche Kosten zu erreichen. Dabei muß beachtet werden, daß für die Datenerfassung bzw. Festlegung der Anforderungen in etwa die gleiche Zeit benötigt wird.

Geht man davon aus, daß die Lösung nach Kap. 3 angewandt wird, reicht die verbleibende Zeit nur dann, wenn eine beschränkte Anzahl von Antrieben, z.B. eines einzelnen Herstellers, in Betracht gezogen wird.
Bei etwa gleichem Aufwand dürfte eine Entscheidung zugunsten der technisch besseren Methode fallen.

7 Integration des realisierten Programmiersystems in ein Programmsystem zur Auslegung des gesamten Vorschubantriebs

Eine komplexe Aufgabe, wie die Auslegung der Bauteile eines Vorschubantriebs, unterteilt man in der Regel in Unteraufgaben. Wird der Rechner zur Lösung der Gesamtaufgabe eingesetzt, gilt dies in selbem Maße. Eine sinnvolle Aufgabenteilung liegt dann vor, wenn die dafür konzipierten Programme für die betrachteten Objekte eine Unterstützung während sämtlicher Konstruktionsphasen bieten /35/ und möglichst unabhängig voneinander ausgeführt werden können. Dies

Programm-name	Aufgabe
RAGRAF	Auswahl von Geradführungen
MVAKOS HVAKOS	Variantenkonstruktion von mechanischen und hydraulischen Vorschubschlitteneinheiten
REGLEF	Berechnung von Gleitführungen
REWALF	Berechnung von Wälzführungen
REHYRF	Berechnung von hydrostatischen Führungen
PROREN	Erstellung von Teil- und Gesamtzeichnungen für Variantenkonstruktionen des Maschinenbaus
DREH	Variantenkonstruktion von Drehtischen
AUTARK	Auslegung von Kugel- Rollen und Trapezgewinde-spindeln
BEKUS	Berechnung von Kugelgewindespindeln
REKONE	Auswahl elektrischer Vorschubantriebe

Bild 7.1: Verfügbare Programme zur Konstruktion von Bauteilen für Vorschubantriebe an Werkzeugmaschinen

steigert die Wirtschaftlichkeit des Rechnereinsatzes, da die gespeicherten Informationen an mehreren Stellen und zu verschiedenen Konstruktionsaufgaben Verwendung finden.
Unter diesem Gesichtspunkt entstanden außer dem bereits beschriebenen System, die in Bild 7.1 aufgeführten Programme /36/.
Bei diesen Programmen wurde eine Trennung der Aufgaben durchgeführt. Da aber zahlreiche Wechselbeziehungen zwischen ihnen weiterhin bestehen, wie Bild 7.2 anhand der drei wesentlichsten Aufgabengebiete zur Vorschubantriebsauslegung beweist, ist eine Integration der einzelnen Programme zu einem Gesamtsystem anzustreben.

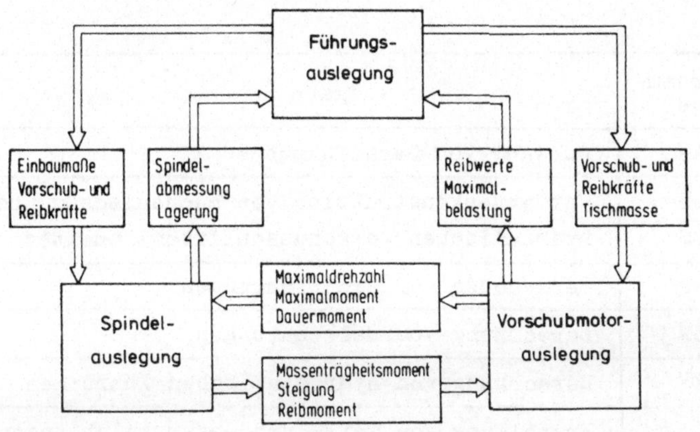

Bild 7.2: Verkettung verschiedener Programme zur Auslegung eines Vorschubantriebs

Durch eine Integration soll erreicht werden, daß die Wechselbeziehungen in angemessener Form berücksichtigt werden können. Dies wird deswegen notwendig, da jedes System Angaben von den anderen benötigt und die Auslegung des entsprechenden Teilsystems immer dann eine Überprüfung der Eingabedaten erfordert, wenn ein weiteres Teilsystem dimensioniert ist. Die Konstruktion ist solange zu verbessern, bis alle Widersprüchlichkeiten beseitigt sind und die gestellten Bedingungen optimal erfüllt sind. Das erfordert eine mehrmalige

Ausführung derselben Programme. Der Aufwand hierbei richtet sich zum einen danach, wieviel Varianten der einzelnen Objekte in Betracht gezogen werden und zum anderen, wie der Konstruktionsprozeß hard- und softwaremäßig unterstützt wird. Ein optimales DV-Konzept verkürzt nicht nur die Ausführungszeit, sondern fördert auch die Erarbeitung mehrerer Lösungen. Je mehr Lösungen erarbeitet werden, umso sicherer findet man die technisch oder wirtschaftlich beste.
Hierfür sind die in Bild 7.3 gezeigten Lösungen denkbar, die die Programme auf der Datenebene miteinander verknüpfen.

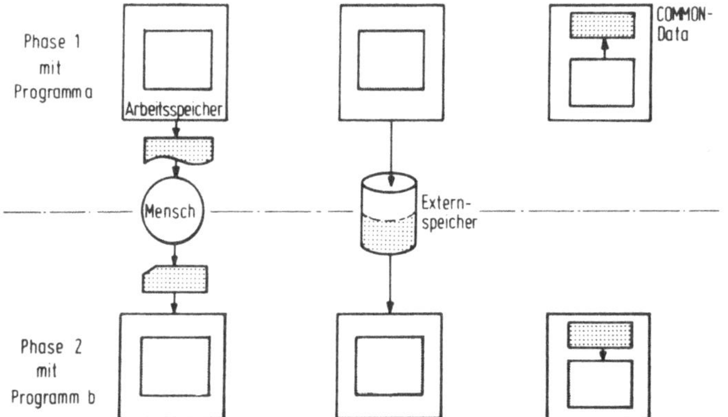

Bild 7.3: Möglichkeiten des Datenaustausches zwischen verschiedenen Programmen

Bei der einfachsten Möglichkeit tritt der Mensch als Mittler zwischen den Programmen auf. Diese Lösung ist nicht sehr effektiv, da eine unnötige Datenumsetzung stattfindet. Sie sollte möglichst vermieden werden. Wesentlich günstiger sind die Rechnerlösungen. In der allgemein üblichen Form werden die Daten auf einem Externspeicher abgelegt. Der Datenaustausch erfolgt entweder über programmspezifische Anpassungsprogramme oder über normierte Zugriffstechniken unter einer einheitlichen Dateiverwaltung. Der normierte Zugriff wird bei den integrierenden Programmsystemen wie z.B. IST, ICES, REGENT und GENESYS angewandt. Ein anlagenspezifischer Kern übernimmt dabei nicht nur die Verwaltung der Dateien, son-

dern auch der Programme. Bei den entwickelten CAD-Programmen scheidet diese Verkettungsmöglichkeit aus, da sie nicht an den Erfordernissen eines solchen Systemkerns orientiert sind, sondern auf FORTRAN-Basis aufgebaut sind. Eine Verwendung in dieser Form ließe sich nur über aufwendige Änderungen der Programme erreichen. Da ein solches integrierendes Programmsystem ferner an Großrechenanlagen gebunden ist, besteht für den CAD-Bereich im Werkzeugmaschinenbau, bei den vorhandenen Rechnerausstattungen /37/, kaum eine Einsatzmöglichkeit.
Besser realisierbar ist die Verkettung über Anpassungsprogramme die dann die Aufgabe der Dateiverwaltung und Datenanpassung übernehmen. Die zur Verfügung stehenden Dateizugriffsmöglichkeiten sind jedoch meist anlagenabhängig. Eine entsprechende Erweiterung von FORTRAN IV würde hier Abhilfe schaffen. Eine weitere Verkettungsart, die für den Einsatz von CAD-Programmen auf Kleinrechnern entwickelt wurde /38/, verwendet nicht Externspeicher zum Datenaustausch, sondern einen gemeinsamen Datenbereich im Arbeitsspeicher. Dieser Bereich bleibt während der Abarbeitung sämtlicher Programme dort verfügbar. Er entspricht dem COMMON-Data, wie er in FORTRAN üblich ist, und ermöglicht so einen leichten Datenaustausch. Gegenüber der Methode mit den Anpassungsprogrammen ist hier auch ein Austausch der Programme durch das Anwenderprogramm mittels einfacher CALL-Aufrufe möglich, ohne daß alle diese Module gleichzeitig geladen werden müssen. Mit dieser Methode wurden bereits gute Erfahrungen gemacht. Sie stellt deshalb ein geeignetes Mittel dar, um die angestrebte Integration der Programme zur Auslegung von Vorschubantrieben zu erreichen.

8 Zusammenfassung

Durch die Konstruktion und Auslegung des Vorschubmotors und der mechanischen Übertragungsglieder wird das Verhalten des Vorschubantriebs einer NC-Werkzeugmaschine, insbesondere in Hinsicht auf ihre Genauigkeit, stark beeinflußt.
Ausgehend von einer Analyse der technologischen Anforderungen bei der Bearbeitung, wird in dieser Arbeit durch eine verbesserte Auslegung der Vorschubmotoren die Voraussetzung dafür geschaffen, das gewünschte Verhalten zu erzielen. Hierzu werden geeignete Rechenmodelle und Auswahlkriterien für eine rechnerunterstützte Dimensionierung entwickelt, die eine genaue Nachbildung der Verhaltensweisen von Motor und Antrieb gestatten.
Der statischen Dimensionierung liegt ein Erwärmungsmodell zugrunde. Dieses bildet das thermische Verhalten des Ankers durch ein Zweikörpersystem nach und ermöglicht eine hohe Ausnutzung des Motors.
Zur dynamischen Dimensionierung wird ein Modell verwendet, das im Lageregelkreis das Drehzahlverhalten des Vorschubmotors durch ein Schwingungsglied mit Totzeit beschreibt und ferner eine Begrenzung des Stromes ebenso berücksichtigt wie die Einflüsse der Belastung und Reibung. Dadurch wird auch eine Beurteilung von Bahnabweichungen möglich. Für die hierzu eingeführten Kenngrößen der Modelle werden Verfahren eingeführt, die ihre Abschätzung aus bekannten Größen erlaubt.

Im zweiten Teil der Arbeit wird das auf der Basis dieser Modelle entstandene Programmiersystem beschrieben und die gewählten Eingabeformen und die Modellrealisierung erläutert sowie anhand der Gegenüberstellung zur konventionellen Auslegungsmethode die damit erzielbaren Vorteile aufgezeigt.
Um die zahlreichen Wechselbeziehungen, die zwischen dem entwickelten Programmiersystem und denjenigen bestehen, die zur Auslegung der mechanischen Übertragungselemente dienen, wird ihre Integration zu einem Gesamtsystem nahegelegt.

Durch die hierfür empfohlenen Verknüpfungsmöglichkeiten auf Datenebene, kann ein sinnvoller Ablauf des Konstruktionsprozesses mit diesen Programmen erfolgen. Das angestrebte Gesamtsystem stellt dann ein weit effektiveres Mittel zur automatisierten Auslegung und Konstruktion von Vorschubantrieben dar, wie dies durch die bestehenden Einzelprogramme erreicht wird.

9 Anhang - Beispiel einer Vorschubmotorenauswahl mit dem Programmiersystem REKONE

9.1 Aufgabenstellung

Das Beispiel behandelt die Dimensionierung und Auswahl der Vorschubmotoren für die X-Achse und Y-Achse eines Bohrwerkes.

9.2 Eingabedaten

Die notwendigen Eingabedaten für das Programmiersystem sind aus den nachfolgend aufgeführten Rechnerausdrucken zu ersehen. Diese zeigen auf den SEITEN 0...5 außer den Kartenabbildern der Eingabe auch die Echoprints dieser Daten in allgemein lesbarer Form. Auf SEITE 5 der Rechnerausdrucke ist die Eingabe eines Lastspieles durch technologische Daten nach Kap. 6.1 zu erkennen. Die Daten eines Vorschubmotors, wie sie in der Datei gespeichert werden, sind exemplarisch auf SEITE 0 aufgelistet. Eine genaue Beschreibung der Eingabesprache ist in /31/ zu finden.

```
**********************************************************************
*   RECHNERUNTERSTUETZE  AUSLEGUNG  UND  AUSWAHL  ELEKTRISCHER       *
*                ANTRIEBE  FUER  WERKZEUGMASCHINEN                   *
**********************************************************************
*                                                                    *
*                    MMMMMMMMMMMMMMMMMM                              *
*                    M                M                              *
*       MMMMMMMMMMMMMMMMMMMMMMMMMMMMMMMMMMMMMMMMMMMMMMMMMMM          *
*        MM          M                M                MM            *
*       MM           M   BBBBBBB      M                 MM           *
*      MM            M   BB    BB     M                  MM          *
*      MM            M   BB    BB     M                  MM          *
*      MM            M   BBBBBB       M                  MM          *
*      MM            M   BB  BB       M                  MM          *
*     MMMMMMMMMMMMMMMMM  BB   BB      MMMMMMMMMMMMMMMMMMMMM          *
*     MM             M                M                    MM        *
*     MM             M   BBBBBBBB     M                    MM        *
*     MM             M   BB           M                    MM        *
*     MM             M   BBBBB        M                    MM        *
*     MM             M   BB           M                    MM        *
*     MM             M   BB           M                    MM        *
*     MM             M   BBBBBBBB     M                    MM        *
*     MM             M                M                    MM        *
*     MM             M   BB   BB      M                    MM        *
*     MM             M   BB  BB       M                    MM        *
*     MM             M   BBBBB        M                    MM        *
*     MM             M   BB BB        M                    MM        *
*     MM             M   BB  BB       M                    MM        *
*     MM             M   BB   BB      M                    MM        *
*     MM             M                M                    MM        *
*     MM             M    BBBBBB      M                    MM        *
*     MM             M   BB    BB     M                    MM        *
*     MM             M   BB    BB     M                    MM        *
*     MM             M   BB    BB     M                    MM        *
*     MM             M   BB    BB     M                    MM        *
*     MM             M   BB    BB     M                    MM        *
*     MM             M    BBBBBB      M                    MM        *
*     MM             M                M                    MM        *
*     MM             M   BB    BB     M                    MM        *
*     MM             M   BBB   BB     M                    MM        *
*     MM             M   BB B  BB     M                    MM        *
*     MM             M   BB  B BB     M                    MM        *
*     MM             M   BB   BBB     M                    MM        *
*     MM             M   BB    BB     M                    MM        *
*     MM             M                M                    MM        *
*      MMMMMMMMMMMMMMMM  BBBBBBBB     MMMMMMMMMMMMMMMMMMMMM          *
*      MM            M   BB           M                  MM          *
*      MM            M   BBBBB        M                  MM          *
*      MM            M   BB           M                  MM          *
*      MM            M   BB           M                  MM          *
*       MM           M   BBBBBBBB     M                 MM           *
*        MM          M                M                MM            *
*         MMMMMMMMMMMMMMMMMMMMMMMMMMMMMMMMMMMMMMMMMMMMMMMMM          *
*    MMMMMMMMMMMMMMMMMMMMMMMMMMMMMMMMMMMMMMMMMMMMMMMMMMMMMMMMMM      *
*    MM                                                      MM      *
*    MMMMMMMMMMMMMMMMMMMMMMMMMMMMMMMMMMMMMMMMMMMMMMMMMMMMMMMMMM      *
*                        M    M                                      *
*                       MM    M                                      *
*                       MM    M                                      *
*                       MM    M                                      *
*                        M    M                                      *
*                        MMMMMMM                                     *
*                                                                    *
**********************************************************************
* INSTITUT FUER  STEUERUNGSTECHNIK DER WERKZEUGMASCHINEN UND FERTIGUNGS-*
* EINRICHTUNGEN                     PROF.DR.-ING  GOTTFRIED STUTE    *
**********************************************************************
```

```
***************************************************************************
* REKONF-VERS.3.0 I BAUELEMENTDATENAUSGABE I SEITE =          0           *
****************I*************************I********************************
* BAUELEMENTART...............................  =  GNM-SERVOMOTOR         *
* HERSTELLER..................................  =  SIEMENS                *
* TYPENBEZEICHNUNG............................  =      1HU3074-0AC01      *
* DATEIKENNZIFFER.............................  =  11042301               *
*-------------------------------------------------------------------------*
*HAUPTKENNZEICHNUNGSDATEN                                                 *
*                                                                         *
* DAUERDREHMOMENT IM STILLSTAND...........NN       =        7.0           *
* MAX.DREHMOMENT IM STILLSTAND............NM       =       28.0           *
* MAXIMALDREHZAHL.........................1/MIN    =     2000.0           *
* LEISTUNG BEI HALBER MAXIMALDREHZAHL.....KW       =         .7330        *
* MASSENTRAEGHEITSMOMENT..................KG*M**2  =         .0048        *
*                                                                         *
*ELEKTRISCHE DATEN ANKERWICKLUNG                                          *
*                                                                         *
* MAX.ANKERSPANNUNG ......................V        =      166.0           *
* STROM BEI DAUERDREHMOMENT...............A        =        9.6           *
* SPITZENSTROM............................A        =        0.0           *
* DREHMOMENTKONSTANTE.....................NM/A     =         .70          *
* SPANNUNGSKONSTANTE......................V MIN    =         .08          *
* INDUKTIVITAET...........................H        =        6.100         *
* WIDERSTAND..............................OHM      =         .804         *
* EL.ZEITKONSTANTE........................S        =        7.600         *
*                                                                         *
*THERMISCHE DATEN                                                         *
*                                                                         *
* ISOLATIONSKLASSE..............................   =      155.0           *
* THERMISCHE ZEITKONSTANTE 1..............MIN      =       90.0           *
* UEBERTEMPERATUR 1 BEI NENNMOMENT........GRAD     =       90.0           *
* THERMISCHE ZEITKONSTANTE 2..............MIN      =        5.0           *
* UEBERTEMPERATUR 2 BEI NENNMOMENT........GRAD     =       10.0           *
* NENNSTROMDICHTE.........................A/MM**2  =        7.75          *
* LUEFTUNGSART..................................   =       -1             *
*                                                                         *
*MECHANISCHE DATEN                                                        *
*                                                                         *
* GEWICHT.................................KG       =       23.0           *
* SCHUTZART.....................................   =         44           *
* BAUFORM.......................................   =         B5           *
*                                                                         *
*ZUBEHOERDATEN                                                            *
*                                                                         *
* VERSTAERKERTYP................................   = 6RA2610-6DU30D20011  *
* PULSZAHL......................................   =       0              *
* KOMMUTIERUNGSDROSSEL -TYP.....................   =         4EM4600-8CB  *
* KREISSTROMDROSSEL    -TYP.....................   =         4EM5200-4CA  *
* GLAETTUNGSDROSSEL    -TYP.....................   =                      *
* TRANSFORMATOR        -TYP.....................   =                      *
*                                                                         *
* VERSTAERKERTYP................................   =                      *
* PULSZAHL......................................   =       0              *
* KOMMUTIERUNGSDROSSEL -TYP.....................   =                      *
* KREISSTROMDROSSEL    -TYP.....................   =                      *
* GLAETTUNGSDROSSEL    -TYP.....................   =                      *
* TRANSFORMATOR        -TYP.....................   =                      *
***************************************************************************
```

Fortsetzung SEITE 0

REKONE-VERS.3.0 I BAUELEMENTDATENAUSGABE I SEITE = 0

KOMMUTIERUNGSGRENZKURVE
NENNMOMENTGRENZKURVE
MOMENTBEGRENZUNGSKURVE

MOMENT (NM)
DREHZAHL (1/MIN)

KOMMUTIERUNGS-	DREHZAHL	U/MIN	I	0.0	700.0	880.0	
GRENZKURVE	MOMENT	NM	I	53.9	53.9	40.6	
				1100.0	1400.0	2000.0	
				31.2	24.8	17.6	
NENNMOMENT	DREHZAHL	U/MIN	I	0.0	560.0	1000.0	
GRENZKURVE	MOMENT	NM	I	7.0	7.0	6.6	
				1600.0	2000.0		
				5.7	4.8		
MOMENTBE-	DREHZAHL	U/MIN	I	1240.0	1320.0	1460.0	
GRENZUNGSKURVE	MOMENT	NM	I	28.0	26.0	24.0	
				1600.0	1740.0	1910.0	2000.0
				22.0	20.2	18.4	17.6

```
************************************************************************
* REKONE-VERS.3.0 I   EINGABEANWEISUNGEN   I SEITE =          1        *
****************I**********************I********************************
*                                                                      *
*   1.  COMPUT / BOHRWERK                                              *
*   2.  $$                                                             *
*   3.  $$        STEUERANWEISUNGEN                                    *
*   4.  $$                                                             *
*   5.  PROCHO / PLOT,TOLIST,POLIST                                    *
*   6.  $$                                                             *
*   7.  $$        DATEN DES ELEKTRISCHEN NETZES                        *
*   8.  $$                                                             *
*   9.  SUPPLY/VOLT,380.,AC3                                            *
*  10.  $$                                                             *
*  11.  $$        WERKZEUGEINGABE                                      *
*  12.  $$                                                             *
*  13.  TOLDAT/PM,DIAMET,100.,MCB,100.,CHIPA,0.,SETA,75.,TEETHN,10.,TOOL,*
*       2                                                              *
*  14.  TOLDAT/MI,DIAMET,50.,SETA.75.,CHIPA,0.,TEETHN,10.,TOOL,1       *
*  15.  $$                                                             *
*  16.  $$        EINGABE DER PUNKTE FUER DIE LASTSPIELE               *
*  17.  $$                                                             *
*  18.  P3=POINT/120.,100.,0.                                          *
*  19.  P4=POINT/0.,100.,0.                                            *
*  20.  P2=POINT/100.,0.,0.                                            *
*  21.  $$                                                             *
*  22.  $$        KONSTRUKTIONS- UND VORGABEWERTE FUER DIE X- ACHSE    *
*  23.  $$                                                             *
*  24.  XAXLE/ZPOS                                                     *
*  25.  SPINDL/PITCH,5.,DIAMET,32.,LENGTH,1092.                        *
*  26.  DYNAM/RAPVEL,5.,PROVEL,2.,VARVEL,4.,POSOV,0.001,WOGAIN,30.,    *
*       RAGAIN,30.,$                                                   *
*  27.       PERSIG,20.                                                *
*  28.  GEAR/CHECK,GIN1,0.0012,GR1,1.,GEF1,0.95                        *
*  29.  WEIGHT/SLIDE,10000.                                            *
*  30.  LOAD/FEDFOR,5000.,WORVEL,1.                                    *
*  31.  FRICT/GUIDCO,0.08,GUIDCR,0.1,BEARCO,0.05,BEARCR,0.07           *
*  32.  COMAND/OPT,1,RAMP                                              *
*  33.  $$                                                             *
*  34.  $$        ANGABEN ZUM AUSZUWAEHLENDEN MOTOR                    *
*  35.  $$                                                             *
*  36.  MOTOR/SERVO,FIRM,SIEMEN,PROTEC,21,WOV                          *
*  37.  $$                                                             *
*  38.  $$        VORGABEWERTE DER ELEKTRISCHEN BAUELEMENTE            *
*  39.  $$                                                             *
*  40.  AMPLIF/MIDDLE,CIRCUL,QUADR,4,FIRM,SIEMEN                        *
*  41.  $$                                                             *
*  42.  DATEND                                                         *
*  43.  AXEND                                                          *
************************************************************************
```

```
*****************************************************************************
* REKONE-VERS 3.0 I EINGABE X-ACHSE          I SEITE =          2          *
*****************I***************************I*******************************
*                                                                           *
* SPINDEL     -STEIGUNG,BZW.WAELZUMF.RITZELMM          =          5.0       *
*              DURCHMESSER                  MM          =         32.0       *
*              LAENGE                       MM          =       1092.0       *
*              TRAEGHEITSMOMENT             KG*M**2     =          0.0000    *
*****************************************************************************
* GEWICHTE    -SCHLITTENGEWICHT             N           =      10000.00      *
*              WERKSTUECKGEWICHT            N           =          0.00      *
*              ANSTELLWINKEL                GRAD        =          0.0       *
* BELASTUNG   -MAX.VORSCHUBKRAFT            N           =       5000.00      *
*              MAX.BEARB.GESCHWINDIGKEIT    M/MIN       =          1.00      *
*              GESCHAETZTE EINSCHALTDAUER   PROZENT     =        100.0       *
*              MAX.ZERSPANKRAFT,SENKR.      N           =          0.00      *
* REIBUNG     -LOSBRECHMOMENT               NM          =          0.00      *
*              HAFTREIB.KOEFF.FUEHRUNG                  =           .080     *
*              GLEITR.KOEFF.FUEHRUNG                    =           .100     *
*              HAFTR.KOEFF.SPINDELLAGER                 =           .050     *
*              GLEITR.KOEFF.SPINDELLAGER                =           .070     *
*              VORSPANNKRAFT FUEHRUNG       N           =          0.00      *
*****************************************************************************
* DYNAMIK     -EILGANGGESCHWINDIGKEIT       M/MIN       =          5.00      *
*              MAX.BEARBEITUNGSGESCHW.      M/MIN       =          2.00      *
*              MAX.GESCHW.AENDERUNG         M/MIN       =          4.00      *
*              KV-WERT BEARBEITUNG          1/S         =         30.000     *
*              ZUL.UEBERSCHWINGWEITE        MM          =           .0       *
*              KV-WERT EILGANG              1/S         =         30.000     *
*              ZUL.SCHLEPPABSTAND           MM          =         20.0       *
*****************************************************************************
* GETRIEBE    -ART,ANGABE                               =          2         *
*              UEBERSETZUNGSVERHAELTNIS                 =          1.00      *
*              WIRKUNGSGRAD                             =           .95      *
*              TRAEGHEITSM.BEZ.A.MOT.WELLE KG*M**2      =           .0012    *
*****************************************************************************
* SOLLWERT     VORGABEFUNKTION                          =          1         *
*              BESCHLEUNIGUNG               M*S**2      =          0.00      *
*              ZEITKONSTANTE                S           =          0.000     *
*              REGELART-OPTIMIERSTUFE                   =          1         *
*****************************************************************************
*AUSZUWAEHLENDE BAUELEMENTE                                                 *
*                                                                           *
* MOTOR        ART                                      =          1         *
*              SCHUTZART                                =         21         *
*              LUEFTUNGSART                             =         -1         *
*              FIRMA ODER TYP                           =    SIEMENS         *
*****************************************************************************
* VERSTAERKER ART                                       =          6         *
*              FIRMA ODER TYP                           =    SIEMENS         *
*****************************************************************************
```

```
**********************************************************************
* REKONE-VERS.3.0 I   EINGABEANWEISUNGEN   I SEITE =          3        *
*****************I**********************I******************************
*                                                                      *
*                                                                      *
*  44.   YAXLE/ZPOS                                                    *
*  45.   SPINDL/PITCH,10.,DIAMET,40.,LENGTH,1910.                      *
*  46.   WEIGHT/SLIDE,15000.                                           *
*  47.   GEAR/CHECK,GIN1,0.0132,GR1,2.,GEF1,0.95                       *
*  48.   DYNAM/RAPVEL,5.,PROSPE,2.,PSCHA,4.,POSOV,0.001,WOGAIN,30.,RAGAIN,*
*         30.,PERSIG,20.                                               *
*  49.   LOAD/FEDFOR,8000.,WORVEL,1.                                   *
*  50.   FRICT/GUIDCO,0.08,GUIDCR,0.1,BEARCO.0.05,BEARCR,0.07          *
*  51.   VENTIL/ANY                                                    *
*  52.   PROTEC/21                                                     *
*  53.   DATEND                                                        *
*  54.   AXEND                                                         *
**********************************************************************
```

Lastspieleingabe

```
**********************************************************************
* REKONE-VERS.3.0 I   EINGABEANWEISUNGEN   I SEITE =          5        *
*****************I**********************I******************************
*                                                                      *
*                                                                      *
*  55.   SIM/TEMP,10                                                   *
*  56.   P1=STARTP/0.,0.,0.                                            *
*  57.   LOOPST/10                                                     *
*  58.   PLMILL/P2,TOOL,2,MATERL,15,FEED,0.1,SPEED,15.,SWATH,50.,CUTDEP,5.*
*  59.   PLMILL/P3                                                     *
*  60.   PLMILL/P4                                                     *
*  61.   RAPID/P1                                                      *
*  62.   LOOPND/P1                                                     *
*  63.   PTIME/PAUSE,0.5                                               *
*  64.   SIM/END                                                       *
*  65.   FINI                                                          *
**********************************************************************
```

```
*****************************************************************************
* REKOHE-VERS 3.0 I EINGABE Y-ACHSE          I SEITE =      4              *
******************I**************************I*******************************
*                                                                           *
* SPINDEL     -STEIGUNG,BZW.WAELZUMF.RITZELMM          =        10.0        *
*              DURCHMESSER                  MM          =        40.0        *
*              LAENGE                       MM          =      1910.0        *
*              TRAEGHEITSMOMENT             KG*M**2     =         0.0000     *
*****************************************************************************
* GEWICHTE    -SCHLITTENGEWICHT             N           =     15000.00       *
*              WERKSTUECKGEWICHT            N           =         0.00       *
*              ANSTELLWINKEL                GRAD        =         0.0        *
* BELASTUNG   -MAX.VORSCHUBKRAFT            N           =      8000.00       *
*              MAX.BEARB.GESCHWINDIGKEIT    M/MIN       =         1.00       *
*              GESCHAETZTE EINSCHALTDAUER   PROZENT     =       100.0        *
*              MAX.ZERSPANKRAFT,SENKR       N           =         0.00       *
* REIBUNG     -LOSBRECHMOMENT               NM          =         0.00       *
*              HAFTREIB.KOEFF.FUEHRUNG                  =         0.080      *
*              GLEITR.KOEFF.FUEHRUNG                    =         0.100      *
*              HAFTR.KOEFF.SPINDELLAGER                 =         0.050      *
*              GLEITR.KOEFF.SPINDELLAGER                =         0.070      *
*              VORSPANNKRAFT FUEHRUNG       N           =         0.00       *
*****************************************************************************
* DYNAMIK     -EILGANGGESCHWINDIGKEIT       M/MIN       =         5.00       *
*              MAX.BEARBEITUNGSGESCHW       M/MIN       =         2.00       *
*              MAX.GESCHW.AENDERUNG         M/MIN       =         4.00       *
*              KV-WERT BEARBEITUNG          1/S         =        30.000      *
*              ZUL.UEBERSCHWINGWEITE        MM          =         0.001      *
*              KV-WERT EILGANG              1/S         =        30.000      *
*              ZUL.SCHLEPPABSTAND           MM          =        20.0        *
*****************************************************************************
* GETRIEBE    -ART,ANGABE                               =         2          *
*              UEBERSETZUNGSVERHAELTNIS                 =         2.00       *
*              WIRKUNGSGRAD                             =         0.95       *
*              TRAEGHEITSM.BEZ.A.MOT.WELLE KG*M**2      =         0.0132     *
*****************************************************************************
* SOLLWERT     VORGABEFUNKTION                          =         1          *
*              BESCHLEUNIGUNG               M*S**2      =         0.00       *
*              ZEITKONSTANTE                S           =         0.000      *
*              REGELART-OPTIMIERSTUFE                   =         1          *
*****************************************************************************
*AUSZUWAEHLENDE BAUELEMENTE                                                 *
*                                                                           *
* MOTOR        ART                                      =         1          *
*              SCHUTZART                                =        21          *
*              LUEFTUNGSART                             =        -1          *
*              FIRMA ODER TYP                           =   SIEMENS          *
*****************************************************************************
* VERSTAERKER ART                                       =         6          *
*              FIRMA ODER TYP                           =   SIEMENS          *
*****************************************************************************
```

9.3 Ergebnisausgabe

Als Ergebnis der Auslegung steht zur Verfügung:

- Ausdruck von Kennwerten und Kontrollgrößen
- Printplot eines Anfahr- und Positioniervorganges im Eilgang
- Printplot vom Erwärmungsverlauf des vorgegebenen Lastspiels

Diese sind beispielhaft für einen geeigneten Vorschubmotor der X-Achse auf SEITE 6...9 aufgelistet.

```
********************************************************************************
* REKONE-VERS 3.0 I ERGEBNISSE X-ACHSE     I SEITE =      6                    *
****************I************************I**************************************
* BAUELEMENTART.................................  =  GNM-SERVOMOTOR            *
* HERSTELLER....................................  =  SIEMENS                   *
* TYPENBEZEICHNUNG..............................  =          1HU3074-0AC01     *
* DATEIKENNZIFFER...............................  =  11042301                  *
*------------------------------------------------------------------------------*
*HAUPTKENNZEICHNUNGSDATEN                                                      *
*                                                                              *
* DAUERDREHMOMENT IM STILLSTAND...........NN        =          7.0             *
* MAX.DREHMOMENT IM STILLSTAND............NM        =         28.0             *
* MAXIMALDREHZAHL.........................1/MIN     =       2000.0             *
* LEISTUNG BEI HALBER MAXIMALDREHZAHL.....KW        =          .7330           *
* MASSENTRAEGHEITSMOMENT..................KG*M**2   =          .0048           *
*                                                                              *
*ERGEBNIS DER VORAUSWAHL                                    GEEIGNET           *
*------------------------------------------------------------------------------*
*ALLE VORAUSWAHLBEDINGUNGEN ERFUELLT                                           *
*==============================================================================*
*FOLGENDE GETRIEBEUEBERSETZUNG WAR VORGEGEBEN                                  *
* GEWAEHLTE UEBERSETZUNG                            =          1.0             *
*    MOMENTENRESERVE STAT.BETRIEBSPUNKTE  NM        =          1.38            *
*    MOMENTENRESERVE DYN. BETRIEBSPUNKTE  NM        =         22.19            *
*                                                                              *
*EINSTELLGROESSEN - KENNGROESSEN                                               *
*                                                                              *
* AUSSTEUERUNG NEIL/NMAX                            =           .50            *
* GETRIEBEUEBERSETZUNG NMOT/NSPDL                   =          1.00            *
* EILGANGDREHZAHL MOTOR                   U/MIN     =       1000.0             *
* MAX. VORSCHUBKRAFTBEI ANGEG.ED          N         =       5706.24            *
* MAX. EFFEKTIVER DAUERSTROM              A         =          8.0             *
* TRAEGHEITSMOMENTE- GETRIEBE             KG*M**2   =           .00120         *
*                  - SPINDEL              KG*M**2   =           .00088         *
*                  - SCHLITTEN            KG*M**2   =           .00065         *
*                  - GESAMT               KG*M**2   =           .00753         *
* MAX. BEARBEITUNGSMOMENT                 NM        =          5.62            *
*      MOMENTENRESERVE                    NM        =          1.38            *
*      FORMFAKTOR                                   =          1.00            *
* LOSBRECHMOMENT                          NM        =           .85            *
*      FORMFAKTOR                                   =          1.00            *
* REIBMOMENT IM EILGANG                   NM        =          1.07            *
*      MOMENTENRESERVE                    NM        =         20.40            *
*      FORMFAKTOR                                   =          1.00            *
* MAX. BESCHLEUNIGUNGSMOMENT              NM        =          5.81            *
*      MOMENTENRESERVE                    NM        =         22.19            *
*==============================================================================*
*ERGEBNIS DER DYNAMISCHEN SIMULATION                        GEEIGNET           *
*------------------------------------------------------------------------------*
*DYNAMISCHE KENNWERTE                                                          *
*                                                                              *
* GESCHW.VERSTAERKUNG BEI BEARBEITUNG(KV) 1/S       =        146.9             *
* GESCHW.VERSTAERKUNG IM EILGANG          1/S       =         51.4             *
* ERRECHNETE KENNKREISFREQUENZ MOTOR(OM)  1/S       =        163.2             *
* VERHAELTNIS KV/OM                                 =           .90            *
*------------------------------------------------------------------------------*
* SIMULIERTE VERFAHRGESCHWINDIGKEIT       M/MIN     =          5.00            *
* VERFAHRWEG                              MM        =         80.000           *
* MAX. BENOETIGTES MOTORMOMENT            NM        =         28.00            *
* MOMENTRESERVE (GEGEN KOMMUT.GRENZE)     NM        =         15.90            *
* MAX. AUFTRETENDER SCHLEPPABSTAND        MM        =          1.619           *
* POSITIONIERZEIT                         S         =          1.037           *
* ANREGELZEIT                             S         =           .035           *
*------------------------------------------------------------------------------*
```

```
**********************************************************************
* REKONE-VERS 3.0 I ERGEBNISSE X-ACHSE     I SEITE =          7      *
**********************************************************************
* SIMULIERTE VERFAHRGESCHWINDIGKEIT        M/MIN     =        -5.00   *
* VERFAHRWEG                               MM        =       300.000  *
* MAX. BENOETIGTES MOTORMOMENT             NM        =        28.00   *
* MOMENTRESERVE (GEGEN KOMMUT.GRENZE)      NM        =        15.98   *
* MAX. AUFTRETENDER SCHLEPPABSTAND         MM        =         1.617  *
* POSITIONIERZEIT                          S         =         3.715  *
* ANREGELZEIT                              S         =          .036  *
*                                                                    *
*====================================================================*
*ERGEBNIS DER ERWAERMUNGSSIMULATION                    GEEIGNET       *
*--------------------------------------------------------------------*
* ANGESETZTE AUSSENTEMPERATUR              GRAD C    =        40.0    *
* ERREICHTE MAXIMALTEMPERATUR              GRAD C    =        73.0    *
* MAX. EFFEKTIVER DAUERSTROM               A         =         6.3    *
*                                                                    *
**********************************************************************
```

REKOME-VERS 3.0 SEITE 8

SIMULATION EINES EILGANGANFAHR-UND BREMSVORGANGS

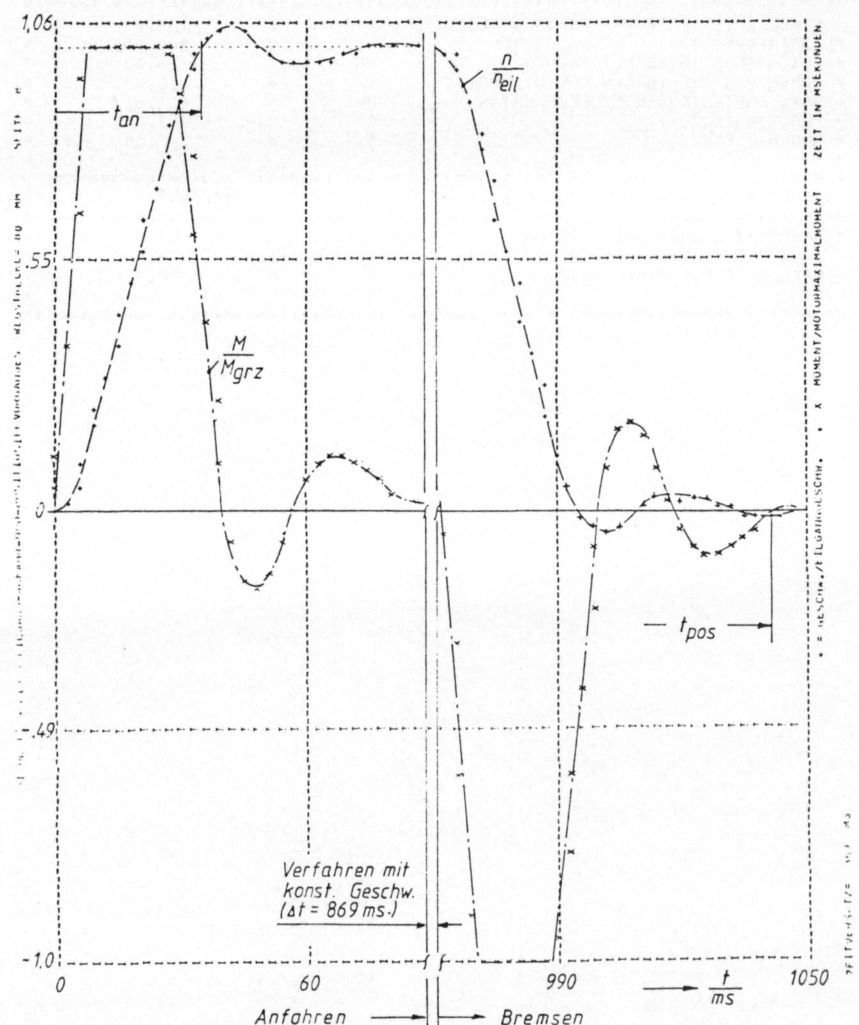

REKONE-VERS 3.0 SEITE 9

ERWAERMUNGSVERLAUF BEI VORGEGEBENEM LASTSPIEL

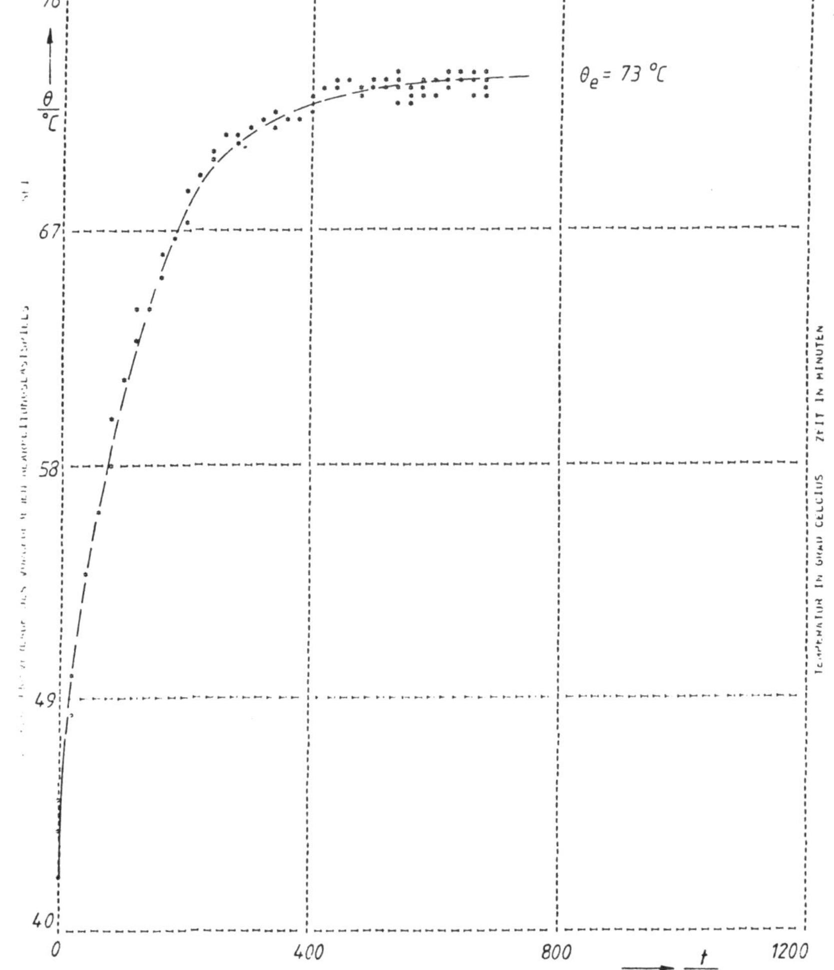

Berichte aus dem Institut für Steuerungstechnik der Werkzeugmaschinen und Fertigungseinrichtungen der Universität Stuttgart

Herausgegeben von Prof. Dr.-Ing. G. Stute

Erschienen:

ISW 1: D. Schmid, Numerische Bahnsteuerung, 89 S., 1972

ISW 2: H. Schwegler, Fräsbearbeitung gekrümmter Flächen, 111 S., 1972

ISW 3: J. Eisinger, Numerisch gesteuerte Mehrachsenfräsmaschinen, 90 S., 1972

ISW 4: R. Nann, Rechnersteuerung von Fertigungseinrichtungen, 125 S., 1972

ISW 5: G. Augsten, Zweiachsige Nachformeinrichtungen, 140 S., 1972

ISW 6: B. Karl, Die Automatisierung der Fertigungsvorbereitung durch NC-Programmierung. 121 S., 1972

ISW 7: H. Eitel, NC-Programmiersystem, 117 S., 1973

ISW 8: E. Knorr, Numerische Bahnsteuerung zur Erzeugung von Raumkurven auf rotationssymmetrischen Körpern, 131 S., 1973

ISW 9: S. Bumiller, Viskohydraulischer Vorschubantrieb, 123 S., 1974

ISW 10: K. Maier, Grenzregelung an Werkzeugmaschinen, 139 S., 1974

ISW 11: J. Waelkens, NC-Programmierung, 159 S., 1974

ISW 12: E. Bauer, Rechnerdirektsteuerung von Fertigungseinrichtungen, 138 S., 1975

ISW 13: H. König, Entwurf und Strukturtheorie von Steuerungen für Fertigungseinrichtungen, 206 S., 1976

ISW 14: H. Damsohn, Fünfachsiges NC-Fräsen, 143 S., 1976

ISW 15: H. Jetter, Programmierbare Steuerungen, 141 S., 1976

ISW 16: H. Henning, Fünfachsiges NC-Fräsen gekrümmter Flächen, 179 S., 1976

ISW 17: K. Boelke, Analyse und Beurteilung von Lagesteuerungen für numerisch gesteuerte Werkzeugmaschinen, 106 S., 1977

ISW 18: F.-R. Götz, Regelsystem mit Modellrückkopplung für variable Streckenverstärkung, 116 S., 1977

ISW 19: H. Tränkle, Auswirkungen der Fehler in den Positionen der Maschinenachsen beim fünfachsigen Fräsen, 103 S., 1977

ISW 20: P. Stof, Untersuchungen über die Reduzierung dynamischer Bahnabweichungen bei numerisch gesteuerten Werkzeugmaschinen, 118 S., 1978

ISW 21: R. Wilhelm, Planung und Auslegung des Materialflusses flexibler Fertigungssysteme, 158 S., 1978

ISW 22: N. Kappen, Entwicklung und Einsatz einer direkten digitalen Grenzregelung für eine Fräsmaschine mit CNC, 123 S., 1979

ISW 23: H.G. Klug, Integration automatisierter technischer Betriebsbereiche, 124 S., 1978

ISW 24: D. Binder, Interpolation in numerischen Bahnsteuerungen, 132 S., 1979

ISW 25: O. Klingler, Steuerung spanender Werkzeugmaschinen mit Hilfe von Grenzregeleinrichtungen (ACC), 124 S., 1979

ISW 26: L. Schenke, Auslegung einer technologisch-geometrischen Grenzregelung für die Fräsbearbeitung, 113 S., 1979

ISW 27: H. Wörn, Numerische Steuersysteme. Aufbau und Schnittstellen eines Mehrprozessorsteuersystems, 141 S., 1979

ISW 28: P.B. Osofisan, Verbesserung des Datenflusses beim fünfachsigen NC-Fräsen, 104 S., 1979

ISW 29: J. Berner, Verknüpfung fertigungstechnischer NC-Programmiersysteme, 101 S., 1979

ISW 30: K.-H. Böbel, Rechnerunterstützte Auslegung von Vorschubantrieben, 113 S., 1979

In Vorbereitung:

ISW 31: W. Dreher, NC-gerechte Beschreibung von Werkstücken in fertigungstechnisch orientierten Programmiersystemen, ca. 105 S., 1980

Springer-Verlag
Berlin · Heidelberg · New York